U0333777

清华科史哲丛书

从方法到系统

近代欧洲自然志对自然的重构

蒋 澈 著

商务印书馆
The Commercial Press

2019年·北京

图书在版编目(CIP)数据

从方法到系统:近代欧洲自然志对自然的重构/蒋
澈著.—北京:商务印书馆,2019
  (清华科史哲丛书)
  ISBN 978 - 7 - 100 - 17113 - 7

Ⅰ.①从… Ⅱ.①蒋… Ⅲ.①博物学—研究—欧洲
Ⅳ.①N915

中国版本图书馆 CIP 数据核字(2018)第 034768 号

清华科史哲丛书
从方法到系统
——近代欧洲自然志对自然的重构
蒋　澈　著

商 务 印 书 馆 出 版
(北京王府井大街 36 号 邮政编码 100710)
商 务 印 书 馆 发 行
北京艺辉伊航图文有限公司印刷
ISBN 978 - 7 - 100 - 17113 - 7

2019 年 5 月第 1 版　　　　开本 880×1230 1/32
2019 年 5 月北京第 1 次印刷　　印张 7⅝
定价:38.00 元

总　　序

　　科学技术史（简称科技史）与科学技术哲学（简称科技哲学）是两个有着内在亲缘关系的领域，均以科学技术为研究对象，都在 20 世纪发展成为独立的学科。在以科学技术为对象的诸多人文研究和社会研究中，它们担负着学术核心的作用。"科史哲"是对它们的合称。科学哲学家拉卡托斯说得好："没有科学史的科学哲学是空洞的，没有科学哲学的科学史是盲目的。"清华大学科学史系于 2017 年 5 月成立，将科技史与科技哲学均纳入自己的学术研究范围。科史哲联体发展，将成为清华科学史系的一大特色。

　　中国的"科学技术史"学科属于理学一级学科，与国际上通常将科技史列为历史学科的情况不太一样。由于特定的历史原因，中国科技史学科的主要研究力量集中在中国古代科技史，而研究队伍又主要集中在中国科学院下属的自然科学史研究所，因此，在 20 世纪 80 年代制订学科目录的过程中，很自然地将科技史列为理学学科。这种学科归属还反映了学科发展阶段的整体滞后。从国际科技史学科的发展历史看，科技史经历了一个由"分科史"向"综合史"、由理学性质向史学性质、由"科学家的科学史"向"科学史家的科学史"的转变。西方发达国家大约在 20 世纪五六十年代完成了这种转变，出现了第一代职业科学史家。而直到 20 世纪末，我国科技史界提出了学科再建制的口号，才把上述"转变"提上日程。在外部制度建设方面，再建制的任务主要是将学科阵地由中国科学院自然科学史研究所向其他机构特别是高等院校扩展，在越来越多的高校建立科学史系和科技史学科点。在内部制度建设方面，再建制的任务是由分科史走向综合史，由学科内史走向思想史与社会史，由中国古代科技史走向世界科技史特别是西方科技史。

科技哲学的学科建设面临的是另一些问题。作为哲学二级学科的"科技哲学"过去叫"自然辩证法"，但从目前实际涵盖的研究领域来看，它既不能等同于"科学哲学"（Philosophy of Science），也无法等同于"科学哲学和技术哲学"（Philosophy of Science and of Technology）。事实上，它包罗了各种以"科学技术"为研究对象的学科，是一个学科群、问题域。科技哲学面临的主要问题是，如何在广阔无边的问题域中建立学科规范和学术水准。

本丛书将主要收录清华师生在西方科技史、中国科技史、科学哲学与技术哲学、科学技术与社会、科学传播学与科学博物馆学五大领域的研究性专著。我们希望本丛书的出版能够有助于推进中国科技史和科技哲学的学科建设，也希望学界同行和读者不吝赐教，帮助我们出好这套丛书。

吴国盛

2018 年 12 月于清华新斋

目　　录

导言···1

第一章　古代到文艺复兴时期 *methodus* 概念的演变············31

　　一　古希腊的 μέθοδος 概念····························31

　　二　文艺复兴时期的 *methodus* 概念·················48

第二章　文艺复兴时期自然志家的分类尝试·················63

　　一　文艺复兴时期自然志家分类工作的技术前提······63

　　二　切萨尔皮诺····································67

　　三　亚当·扎卢然斯基·····························87

　　四　阿尔德罗万迪································104

第三章　围绕 *methodus* 的分类学之战··················120

　　一　约翰·雷与《植物新方法》···················123

　　二　图尔内福的《植物学原本，或认识植物的方法》···157

第四章　林奈的 *systema* 概念·························168

　　一　*Systema* 概念的前史·······················169

　　二　林奈对植物学史的回顾·······················173

　　三　林奈的"自然系统"概念·····················194

　　四　作为 *historia* 结构的 *methodus*：林奈的"方法"···198

参考文献…………………………………………………221

后记……………………………………………………235

导言

一　自然志编史学的进展与分类学问题的提出

分类学［taxonomy，有时亦称为"系统学"（systematics）］一向被视为自然志（博物学）①的重要——甚至首要——组成部分。例如，专门研究自然志历史的当代科学史家保罗·法伯（Paul Lawrence Farber）这样界定自然志科学：

---

① 本书用"自然志"来指称欧洲语言所称的 *historia naturalis* / natural history。汉语学界关于 *historia naturalis* 如何翻译，存在着数种意见和争论（胡翌霖："Natural History 应译为'自然史'"，《中国科技术语》2012 年第 6 期；吴国盛："自然史还是博物学？"，《读书》2016 年第 1 期）。"博物学"一词是一种比较常见的处理办法。然而，"自然志"这一术语的优点在于精准地翻译了 *historia naturalis* 一词，指出了其对象是古代中国不存在的"自然"（*natura*）（张岱年：《中国古典哲学概念范畴要论》，中国社会科学出版社，1989 年，第 79—83 页；池田知久："中国思想史中'自然'的诞生"，载沟口雄三、小岛毅主编：《中国的思维世界》，孙歌等译，江苏人民出版社，2006 年；吴国盛："自然的发现"，《北京大学学报》（哲学社会科学版），2008 年第 2 期），其产物是"志书"（*historia*）。本书的研究对象是西方的 *historia naturalis*，"自然志"可以更好地对这种西方的知识门类在内涵和外延上进行界定。因此，本书统一采用"自然志"作为 *historia naturalis* 的译法。

自然志与早先的"民间生物学"(folk biology)的区别在于，自然志家试图根据作为基底的内在特征为动物、植物和矿物划分类群，并利用理性的、系统的方法为自然中发现的变异建立秩序。

在自然志学科中，研究者系统地研究自然物（动物、植物和矿物）——命名、描述、分类并揭示其整体的秩序。[①]

19世纪以来的生物学史和自然志史研究，正是基于这种对自然志的理解来探寻自然志学科中分类学观念的起源。目前的研究可以概括为两种基本进路、两个论题：①自古典古代以来，自然志科学就包括了分类学（taxonomy）或者说对自然物分类（classification）的研究；②分类学在近代才成为自然志的核心，分类学本身也是近代的发明。

可以将第一种进路称为自然志中分类学地位问题上的连续论，它主张自然志从古至今存在一种连续性（continuity），这种连续性就在于对分类的追求。与之相对，这里将第二种进路称为断裂论，它承认在古代和近代自然志之间存在一种断裂（discontinuity），其断裂点是分类学在近代的诞生。

两种编史进路中，连续论出现得最早。一方面，这符合近代自然志家的自我定位——他们将自己视为亚里士多德、泰奥弗拉

---

① P. L. 法伯：《探寻自然的秩序——从林奈到 E. O. 威尔逊的博物学传统》，杨莎译，商务印书馆，2017年，第 vi 页。译文略有改动。确切地说，法伯这里所指的是自然志的"现代传统"。

斯托斯、普林尼以降的自然志传统中的一员,谈及学科历史时一般会将之追溯至古希腊、古罗马。[①]另一方面,现代生物学家也常常将古希腊对生物的研究视为生物学历史的一部分,是现代生物学的准备或先声。不论是站在近代自然志家的立场上,还是现代生物学家的立场上,对分类学史做连续论的叙事都是十分自然且充满正当性的。

19世纪德国哲学史家于尔根·波纳·迈耶(Jürgen Bona Meyer,1829—1897)于1855年出版了《亚里士多德的动物知识》一书,专门探讨亚里士多德对动物进行分类的方法和结果,为连续论做出了极为有力的阐释。[②]迈耶的基本观点是将亚里士多德视为一位自觉的动物分类学家,认为亚里士多德的分类工作同近代以来发展出来的分类学并无本质区别。他注意到,在《论动物部分》的第一卷,亚里士多德对分类问题有很详细的探讨,特别是对柏拉图的二分法(Dichotomie)有专门的批评。柏拉图的二分法是人为分类(die künstliche Eintheilung)的代表,亚里士多德所

---

① 林奈在《植物学哲学》中,就曾开列过长长的名单来概述植物学学科史,其起点便是泰奥弗拉斯托斯。参见 C. Linnaeus, *Philosophia botanica*, Stockholm: Godofr. Kiesewetter, 1751, pp. 2-17.

② 直到20世纪末,探讨亚里士多德动物研究的学者依然把本书评述为"通论亚里士多德生物学的最优秀著作之一"(P. Pellegrin, *Aristotle's Classification of Animals: Biology and the Conceptual Unity of the Aristotelian Corpus*, translated by A. Preus. Berkeley and Los Angeles: University of California Press, 1986, p. 167)。迈耶本人也曾满意地宣称,他相信"亚里士多德的著作在精确的考察下,不会给各种五花八门的解释留下什么余地"(J. B. Meyer, *Aristoteles Thierkunde: Ein Beitrag zur Geschichte der Zoologie, Physiologie und alten Philosophie*, Berlin: Druck und Verlag von Georg Reimer, 1855, p. 86)。

要完成的工作是要"抛弃人为分类",进而要抛弃一般的"人为系统学"(die künstliche Systematik)或曰人为分类法。迈耶在这里使用的"人为分类"以及相对的"自然分类"都是近代分类学的术语。人为分类与自然分类的区别在于,人为分类每次只按照一类特征(Merkmal)来进行分类,而这在亚里士多德看来是不能令人满意的,并且会导致各种矛盾。迈耶从亚里士多德的各种著作中找出了要求按照多种特征同时分类的许多段落,认为这代表了亚里士多德的正面观点。迈耶还耐心地考察了亚里士多德论述的动物类群,证明在对每一类群的研究中,亚里士多德都贯彻了"自然分类"的思想。迈耶还特意关注了亚里士多德是否为动物分类发展出一套概念工具。迈耶认为在亚里士多德逻辑学中使用过并且在亚里士多德动物学著作中也频频出现的 γένος 和 είδος 就是这样的概念,其含义与功能同近代分类学中的"属"(genus)和"种"(species)类似。显然可以看出,在这些努力中,迈耶试图论证亚里士多德处理的问题和近代分类学面临的问题是同一的。

迈耶的成果发表后的一个世纪以来,一直是研究亚里士多德物学工作的标准[1],也一直未曾遇到什么挑战。对迈耶的主要观点,学界并没有进行什么重大修正。在随后一个世纪的科学史著作中,可以不断见到迈耶观点的重复。特别是生物学家写作的生物学史中,这种连续论的观点几乎一直得到默认。生物学家恩

---

[1]   G. E. R. Lloyd, "The Development of Aristotle's Theory of the Classification of Animals", *Phronesis*, vol. 6, no. 1, 1961, p. 60.

斯特·迈尔（Ernst Mayr，1904—2005）的著作便十分具有代表性。他同样认为，存在着一种"亚里士多德本人的分类学概念框架"（Aritotle's conceptual framework of taxonomy）[1]，这种概念框架虽然并不完全等同于近代的科学分类学，但代表了亚里士多德发展分类学方法的努力。近年编写计划最为庞大的生物学史著作当属德国科学史家艾妮·鲍伊默（Änne Bäumer）的五卷本《生物学史》（*Geschichte der Biologie*）[2]。其中，对于古典古代和中古的亚里士多德、泰奥弗拉斯托斯、大阿尔伯特等人，她同样均专辟章节介绍他们对动植物的分类（Klassifikation）乃至"系统学"（Systematik）[3]。

尽管连续论进路的著作在细节上常常极为丰富，整体上不乏说服力，但其中仍有一些问题未得到解决，这引发了断裂论的提出。20世纪60年代起，这种断裂论得到了越来越多的阐述和发挥。断裂论主要从两个方面向过去的连续论展开进攻：其一是对亚里士多德动物分类的新诠释，其二是对文艺复兴时期自然志的深入研究。

对连续论的首先发难者是英国哲学史家戴维·M. 鲍尔默

---

[1]　E. Mayr, *The Growth of Biological Thought: Diversity, Evolution, and Inheritance*, Cambridge: The Belknap Press of Harvard University Press, 1982, p. 153. 参见 E. 迈尔：《生物学思想发展的历史》，涂长晟等译，四川教育出版社，2010年，第104页。

[2]　现在仅出版了前三卷。

[3]　Ä. Bäumer, *Geschichte der Biologie. Band I. Biologie von der Antike bis zur Renaissance*, Peter Lang, 1991, pp. 47-49, 93-96, 139-142.

（David M. Balme，1912—1989）。他于60年代发表了一组文章[1]，试图重新理解亚里士多德动物研究的目的和方法。鲍尔默敏锐地意识到，以迈耶为代表的解释预设了亚里士多德抱有进行分类的目的，这其实是假定"亚里士多德像任何一位优秀的前进化生物学家一样，将系统学摆在动物学的首位，又将形态学摆在系统学的首位"[2]。鲍尔默论证说，这样的假定是十分成问题的，会引起解释中的困难。一个明显的事实是，亚里士多德的动物学著作中很少运用分类的方法。的确，亚里士多德本人确曾提及一些类似于层级式（hierachical）分类的思想，这使得很多研究者认为这背后存在某种分类学图式作为支撑。但事实上，对于文本的研究并不支持这一点。《动物志》等动物学文本的编排显得无序，显然并不是一个精心组织的文本。当然，也可以像迈耶一样试图还原出或重建亚里士多德的"动物分类系统"，将这些文本按分类原则编排出结构，但从来还没有哪两个研究者还原出的分类系统是一样的，这只证明了亚里士多德并没有真正给出具有指导性的方法来帮助分类，也没有留下某种分类系统的"粗

---

[1]　D. M. Balme, "Aristotle's Use of *differentiae* in Zoology", in S. Mansion ed. *Aristote et les problèmes de méthode*, Louvain: Publications Universitaires de Louvain, 1961; "Γένος and εἶδος in Aristotle's Biology", *The Classical Quarterly* (New Series), vol. 12, no. 1, 1962. 其中1962年的"亚里士多德在动物学中对'差'的使用"一文又经过修订，后以"亚里士多德对'划分'和'差'的使用"为题发表（"Aristotle's Use of Division and *differentiae*", in A. Gotthelf and J. G. Lennox eds. *Philosophical Issues in Aristotle's Biology*, Cambridge: Cambridge University Press, 1987）。前后版本并无实质上的不同。

[2]　D. M. Balme, "Aristotle's Use of *differentiae* in Zoology", p. 205.

坏"。在鲍尔默看来，结论只能是，亚里士多德在生物学研究中根本就没有想要发展一种自然分类系统。鲍尔默甚至说，迈耶的工作也可以反过来为他的观点提供支持。迈耶尝试整理亚里士多德动物分类体系时，遇到了亚里士多德对动物进行划分的各种"属"（γένη）之间存在着相互重叠、相互交叉的难题，这就更在原则上说明了亚里士多德不能发展出一种层级式的分类系统。因此，迈耶的研究恰好印证了亚里士多德本人在研究动物时，并没有先行假定一种动物应该属于某一个固定的分类单元。鲍尔默指出，分类仅仅是划分（διαίρεσις）的一部分，不能将对划分方法的讨论等同于对分类的讨论。在涉及动物的划分时，亚里士多德是在寻找对所做划分有真正因果关系的διαφορά（*differentia*，差或"种差"）——这种因果性关系，并不是种和属之间的，而是在相近的διαφορά之间的相互关系。换言之，亚里士多德寻求的是对各种διαφορά的因果分类，而不是要为动物本身编制一个分类体系的目录。此外，这些διαφορά不一定是形态学的。亚里士多德对διαφορά的分类随其研究问题而变，因此会在不同问题上对διαφορά提出不同的划分方式，从而会出现看似相互矛盾的"分类系统"。法国学者皮埃尔·派勒格兰（Pierre Pellegrin）继承了鲍尔默的解释进路，于1982年以法文出版了专著《亚里士多德的动物分类——生物学的地位与亚里士多德主义的统一性》（*La classification des animaux chez Aristote: Statut de la biologie et unité de l'aristotélisme*）[1]，极为充分地讨论了亚里士多德进行动物分类的目的和地位。在派勒格兰看来，关键的问题是亚里士多德对动物进行了分类（classify），但并没有近代式的分类学（taxonomy），也没有某种分类学筹划（taxonomic project）。派勒格兰的意思是说，亚里士多德并没有"把动物分配到某个独一而固定的构造之中去"，而仅仅是根据论述的问题而做了一些特设性的分类[2]。派勒格兰还注意到，亚里士多德完全清楚地意识到他分出的各个动物类群之间有"重叠"（ἐπάλλαξις，动词为 ἐπαλλάττειν），但却没有把这些相互重叠当作一个理论难题来看待，而"一个分类学家（taxonomist）一旦注意到这个问题，显然是不可能轻易放过的"[3]。鲍尔默和派勒格兰的工作影响十分深远，可以说，已经成为今天欧美亚里士多德研究界的主流共识。"今天的所有人都同意如下两点：①亚里士多德对于 *genos*、*eidos*、*analogia*（类推）采用的是相对的用法；②在亚里士多德那里没有林奈式的分类学。"[4] 分类学的连续论观点受到了猛烈的攻击。

断裂论的另一滥觞是对文艺复兴时期自然志的研究，这一领域的开创性研究者是法国哲学家米歇尔·福柯（Michel Foucault，

---

[1]　P. Pellegrin, *Aristotle's Classification of Animals: Biology and the Conceptual Unity of the Aristotelian Corpus*。在翻译英译本的过程中，派勒格兰又进行了修订，因此，本书引用时以英文版为准。

[2]　P. Pellegrin, *Aristotle's Classification of Animals: Biology and the Conceptual Unity of the Aristotelian Corpus*, pp. 113-115.

[3]　同上书，第 119 页。

[4]　同上书，第 38 页。

1926—1984）。1966 年，出版发表了《词与物——人文科学考古学》①一书，书中对文艺复兴时期自然志的历史做出了极富新意的解读。福柯意识到，文艺复兴自然志和 18 世纪以后的自然志是截然不同的：在 18—19 世纪的自然志家看来，文艺复兴时期的自然志家无批判、不精确、大杂烩似地记录着各种杂乱的关于自然物的知识、传闻等，而 18 世纪以后的自然志家开始追求秩序、图表、分类。福柯用他书中的核心概念认识型（épistémè）来解释这一差别。福柯认为，在 17 世纪存在着一次认识型的断裂——从文艺复兴时期的认识型走向古典时代的认识型。文艺复兴时期的认识型是以相似性为特征的。相似性组织着各种符号的运作，记号使人们注意到被标记的事物，从而揭示物与物之间的相似性。相似性知识的基本形态就是对记号的记录、辨认和译解。17 世纪在知识空间中发生了一个根本性的断裂，同一性和差异性的问题成了认识型的核心。思想不再在相似性要素中运动，相似性也不再是知识的形式，反倒成了谬误的原因。文艺复兴时期居于认识型核心的相似性在古典时代被挤压到了知识的边缘。新认识型的典型方法就是由笛卡尔创立的。人们开始追求秩序，并以代数学为普遍方法，对简单表象不断加以整理。根据福柯的分析，这一认识型的转变深刻地改变了自然志的内容和方法。从古典时期开始，分类学就高居于自然志的中心。

---

① M. Foucault, *Les mots et les choses: Une archéologie des sciences humaines*, Éditions Gallimard, 1966. 中译本：M. 福柯：《词与物——人文科学考古学》，莫伟民译，上海三联书店，2001 年。

　　继承福柯的断裂论进路的科学史家主要是美国科学史家小威廉·B. 阿什沃斯（William B. Ashworth, Jr.）[①]。阿什沃斯强调文艺复兴时期的自然志是以象征式的世界观（emblematic world view）为基础的。阿什沃斯的所谓"象征式世界观"指的是，世界是一张各种类同性、相似性等的"错综复杂的联系之网"（a complex web of associations）[②]，而自然志的任务就是记录这些联系。这也正是格斯纳所代表的"象征式自然志"，这种知识形态后来在文艺复兴时期极其兴盛。阿什沃斯举出格斯纳（Conrad Gessner，1516—1565）和阿尔德罗万迪（Ulisse Aldrovandi，1522—1605）的例子来示范这种象征式自然志的基本特征：文艺复兴时期自然志家收集关于某种自然物的一切有关的信息，不管这些信息是否得到证实，是否属于客观的经验知识，然后将这些信息一并加以整理和列举，这种列举并不是后世的分类学，而是更近似于语文学的工作。在福柯、阿什沃斯等人研究工作的基础上，布赖恩·欧格尔维（Brian W. Ogilvie）完成了关于文艺复兴自然志的迄今为止最为综合的叙事，他的研究成果主要体现在《描述的科学——文艺复兴时期欧洲的自然志》一书中。他非常强调文艺复兴时期自然志的独特性。他认为，文艺复兴时期自然志在不同时期的旨趣、

---

　　① 　W. Ashworth Jr., "Natural History and the Emblematic World View", in D. C. Lindberg and R. S. Westman eds. *Reappraisals of the Scientific Revolution*, pp. 303-332, Cambridge: Cambridge University Press, 1990; "Emblematic natural history of the Renaissance", in N. Jardine, J. A. Secord and E. C. Spary eds. *Culutres of Natural History*, pp. 17-37, 461-462, Cambridge: Cambridge University Press, 1996.

　　② 　W. Ashworth Jr., "Natural History and the Emblematic World View", p. 306.

外貌可能十分不同，但有一条贯穿其中的线索规定着这种自然志是"文艺复兴的"，使其区别于古代和中世纪以及 18 世纪后的自然志，这条线索就是"描述"（description）。这种描述性的自然志并非是以往某种"自然志传统"的继承，恰恰相反，今天人们称之为"自然志"的知识传统恰恰是文艺复兴时期的学者发明、建构出来的。他们把古代的自然哲学、医学、农学等传统统合成为一门以描述为主要追求的新知识形态。欧格尔维认同福柯、阿什沃斯等人的看法，他认为此时的文艺复兴时期自然志并不重视分类问题。然而，不断的发现、描述和新物种，引发了对这些知识的组织问题。本来，对于文艺复兴时期自然志家来说，分类并不是一个很大的问题，起初大多数文艺复兴时期自然志家根据常识来组织动植物知识。这只能应用于欧洲本土或自然志家亲身所到之地——这些地方有现成的民间生物学和民间分类法（folk taxonomy）可依据。但是，现代早期自然志的方法和目标却在于将动植物移出环境，使地方知识普遍化，其后果是引起了动植物名称上的混乱。出于教学法的考虑，当时的自然志家已有关于分类的最初设想。但更大的冲击还来自于异域自然知识，对于东印度和西印度的自然志知识并无现成的常识可依据，自然志家惯用的方法捉襟见肘。当荷兰和英格兰商业帝国压倒西班牙后，更多来自海外的经验涌到了欧洲自然志家眼前。这些事实常常并非自然志家的一手经验，来自于非自然志家的报告又引起了相应的怀疑和困惑。自然志家不可能长期、反复地观察异域奇事，他们一方面训练学生去获得可信的一手资料，另一方面"愿意使用任何可以帮助他们给自然尽可能详尽地编目（cataloguing）的方法"①。大量积累的材料也使得自然志家超出了单纯描述的任务。所有这些，使得 17 世纪的自然志家将"描述的科学"推到了其逻辑终点——由描述的时代走向了系统的时代，也即分类学主导的新时代。

可以看到，断裂论者从古代亚里士多德动物研究和文艺复兴时期自然志两个方向夹击了传统的连续论，使得连续论难以自我支持：一方面，分类学在古代并没有确实的等同物；另一方面，福柯以来的诸多研究又将自然志中分类学占据主导地位的时间点安放在文艺复兴之后。从而，分类学的兴起便是一个发生在中古结束到文艺复兴前后的近代事件。

二　分类学史的研究现状

以分类学的方式来排列自然物，这并不是一件自然而然的事情，因为人们可以设想出多种排列自然物的方式②。因此，近代分类学的起源应当作为自然志之历史研究的一个重要研究课题。令人遗憾的是，"在一切科学样式中，分类学是最少得到尊重的"③，以

①　B. W. Ogilvie, *The Science of Describing: Natural History in Renaissance Europe*, Chicago: The University of Chicago Press, 2006, p. 257.

②　R. Pulteney, *A General View of the Writings of Linnaeus*, London: T. Payne & B. White, 1781, p. 111.

③　C. Kwa, *Styles of Knowing: A New Histsory of Science from Ancient Times to the Present*, translated by D. McKay, Pittsburgh: University of Pittsburgh Press, 2011, p. 165.

至于"研究系统学的史学家——不论来自何种训练背景——惊人地稀少"[1]。这种情况实际上是非常吊诡的——近代西方自然志本身十分看重本学科历史，因为其工作本身总是对前人分类系统的修订或推翻。即令在今天的分类学著作中，在导言处也常常有一节是关于本类群分类史的介绍。科学史上，早期自然志家在写作自己的著作、构造分类系统时，也常常以历史的批判为开端和引子，从对过去分类学家的批评开始论说。如果翻检 17—18 世纪的自然志著作，不难发现这些著作总是在一遍遍重述着自然志科学的历史。然而，当代职业科学史家对分类学史的研究工作却稀少而零散。据罗伯特·J. 欧哈拉（Robert J. O'Hara）的不完全收集，1965—1996 年，研究分类学史的著作和论文有 80 种[2]，这在科学史研究中显然不是一个大数目。特别值得注意的是，分类学的通史极少有人写作。美国生物学家、科学史家恩斯特·迈尔的《生物学思想的发展》（*The Growth of Biological Thought*）[3]一书较为全面地介绍了分类学从古至今的发展史。迈尔本人十分关注生物分类学。他的《系统动物学的原理与方法》（*Methods and Principles of Systematic Zoology*）[4] 和《系统动物学的原理》（*Principles of*

[1]　M. P. Winsor, "Cain on Linnaeus: The Scientist-Historian as Unanalysed Entity", *Studies in History and Philosophy of Science, Part C*, vol. 32, no. 2, 2001, p. 239.

[2]　O'Hara, Robert J. *The History of Systematics: A Working Bibliography, 1965—1996*. 2016/12/2 <http://dx.doi.org/10.2139/ssrn.2541429>.

[3]　E. 迈尔：《生物学思想发展的历史》。

[4]　E. Mayr *et al*, *Methods and Principles of Systematical Zoology*, New York: McGraw-Hill, 1953. 中译本：E. 麦尔等：《动物分类学的方法和原理》，郑作新等译，科学出版社，1965 年（E. 麦尔即注释[3]的 E. 迈尔）。

Systematic Zoology）①两部著作对20世纪的分类学家影响很大。作为进化系统学派（evolutionary systematics）的主将，迈尔的历史写作受到自己生物学观点的很大影响，例如他对"宏观分类学"（macrotaxonomy）和"微观分类学"（microtaxonomy）的划分②构成了他在《生物学思想的发展》中总结分类学史的两大维度。迈尔对分类学史的编史影响极大，本书将在第三章较为详细地检讨迈尔所属的编史学立场。近些年来，出现了一些新的分类学史通史著作，例如俄罗斯生物学家、科学史家伊戈尔·雅科夫列维奇·帕夫利诺夫（Игорь Яковлевич Павлинов）的《生物系统学史》（*История биологической систематики: эволюция идей*）和三卷本《分类学命名法》（*Таксономическая номенклатура*）③。帕夫利诺夫广泛吸收了欧美对于自然志历史的研究成果，努力给出从古到今的完整、全面的一部分类学史，并试图进行均衡的叙述。尽管如此，从篇幅上看，他对于"科学系统学的开端时期"中非林奈部分的篇幅，依然十分有限，论述也较为单薄，留下了很大的

①　E. Mayr, *Principles of Systematic Zoology*, New York: McGraw-Hill, 1969.

②　迈尔的"宏观分类学"指的是中上分类阶元的分类研究，相当于本书主题，"微观分类学"主要指的是物种问题。这两个术语是很有迈尔个人特色的。

③　Г. Ю. Любарский & И. Я. Павлинов, *Биологическая систематика: Эволюция идей*, Москва: Зоологический музей МГУ, 2011; И. Я. Павлинов, *История биологической систематики: Эволюция идей*. Berlin: Palmarium Academic Publishing, 2013; И. Я. Павлинов, *Таксономическая номенклатура, Книга 1, От Адама до Линнея*, Москва: Зоологический музей МГУ, 2013; И. Я. Павлинов, *Таксономическая номенклатура, Книга 2, От Линнея до первых кодексов*, Москва: Товарищество научных изданий КМК, 2014.

研究空间可供填补。然而，现代早期自然志中的分类问题是最为关键的，因为此时恰恰是分类学"从无到有"的创生时期。

在国内，对于林奈以前的现代早期生物分类学，大多数植物分类学或动物分类学课本都会在导论中提及，然而通常十分简略，也缺乏独立的研究。只有植物学家胡先骕（1894—1968）有过一些较为独特的评论[①]。对于早期分类学家的工作内容，译介也极少。在50年代全面学习苏联时期，曾经翻译过莫斯科大学教师瓦·安·阿烈克谢耶夫（Валерий Андреевич Алексеев）编纂的《达尔文主义》文选[②]，其中介绍了切萨尔皮诺、图尔内福和约翰·雷的分类系统，并对一些较为细节的问题做了评述。此书的俄文原书出版于1951年，对于这些早期分类学和林奈的介绍节选自英国自然志家、哲学家威廉·惠威尔（William Whewell，1794—1866）的《归纳科学史》（*History of the Inductive Sciences*）、苏俄生物学家瓦·维·龙凯维奇（Валериан Викторович Лункевич，1866—1941）的生物学史著作《从赫拉克利特到达尔文》（*От Гераклита до Дарвина*）、苏俄植物学家弗·列·科马罗夫（Владимир Леонтьевич Комаров，1869—1945）的《林奈的生平与著作》（*Жизнь и труды Карла Линнея*）和苏俄

[①]　如明确提出将是否区分单子叶植物和双子叶植物、否弃"灌木"和"乔木"视为自然分类法的标志之一，见胡先骕：《种子植物分类学讲义》，中华书局，1951年，第2—3页。

[②]　В. А. 阿烈克谢耶夫：《达尔文主义》，上卷，第一分册，罗颖之译，刘烈文、柳子明校，财政经济出版社，1953年。

植物生理学家、科学史家克·阿·季米里亚捷夫（Климент
Аркадьевич Тимирязев，1843—1920）的《生物学中的历史方法》
（*Исторический метод в биологии*），书中还节译了部分林奈《自
然系统》和《植物学哲学》的文本。可以认为，这是科学史这门
学科建制化之前较为可靠的分类学史文本来源。然而，由于"达
尔文主义"这门课程当时的定位是政治课而非自然科学或科学史
课程，因此这种介绍仍然是十分片段的，无法满足进一步研究的
需要。至于生物学家对早期生物分类学的介绍，国内译介最为
详尽的见于阿尔弗雷德·伦德勒（Alfred Barton Rendle，1865—
1938）的植物分类学名著《有花植物分类学》（*The Classification
of Flowering Plants*）中译本 ①。这个中译本由植物学家钟补求
（1906—1981）翻译，质量十分可靠。伦德勒的这本书对于分类
学的历史采取了比当代分类学教科书更为认真的态度，介绍了约
翰·雷的植物分类系统大旨，同时较为详细地评述了林奈的分类
系统，并节译出了长达数页的林奈《植物学哲学》文本，呈现了
林奈植物分类系统的样貌。② 然而，同其他分类学家的兴趣一样，
伦德勒更加关注林奈以后的各家植物分类系统，因此没有讨论早
期分类学工作的细节问题。

  国内的科学史界直到近年才关注这一领域。国内科学史独
创性工作中，徐保军的博士论文"建构自然秩序——林奈的博物

---

  ① A. B. 伦德勒:《有花植物分类学》，第 1 册，钟补求译，科学出版社，
1958 年。

  ② 同上书，第 4—12 页。

学"①和熊姣的《约翰·雷的博物学思想》②触及了林奈和约翰·雷分类学活动的一些重要问题，并做了富有成果的解说。徐保军特别集中探讨了林奈植物分类的性系统，认为贯穿林奈分类学思想的主要特点是"体系的简洁性、实用性和普及性"③。熊姣工作的一大优点是考察了约翰·雷分类学体系的形成过程④。这两部著作的特点是以自然志家的人物为中心，因此对于林奈和约翰·雷之外的自然志传统并未详细地涉及，对分类学思想的阐述也只是整部论文中的一部分。本书和这两部著作不相重叠的地方在于，本书更着重考察分类学术语和概念的演变，并将文艺复兴时期到林奈时代的自然志写作作为一个连续的演进过程来处理，以阐明概念的内在联系。

三　本书的研究对象与研究现状

如上所述，如果我们秉承断裂论的观点，就可以看到，在西方古代自然志（如亚里士多德）那里并无现代意义上的分类学，到林奈才取得现代分类学家所熟知的分类学形式。因此，在亚里士多德和林奈这两个历史性标杆之间，存在着分类学成型的发展过程。然而，作为专科史的分类学史对于前林奈时代的分类学只

① 徐保军："建构自然秩序——林奈的博物学"，北京大学博士论文，2012 年。
② 熊姣：《约翰·雷的博物学思想》，上海交通大学出版社，2015 年。
③ 徐保军："建构自然秩序——林奈的博物学"，第 87 页。
④ 熊姣：《约翰·雷的博物学思想》，第 197—211 页。

提供了相当模糊和黯淡的轮廓。对于持有或倾向于断裂论的科学史家来说，这自然是难以令人满意的，因为这恰好没有回答自然志产生断裂时的核心问题——现代分类学是如何诞生的。这种状况的根源，并不是研究材料的缺乏——这一时期的自然志家无比重视彼此交换经验和材料，自然志著作已经广泛采用印刷术印行出版，此时的自然志材料在数量上的丰富并不逊于同时代的数理科学。然而，编史思想却制约了对这段历史的研究。同以柯瓦雷为代表的内史（思想史）纲领不同，20 世纪 80 年代以来的科学史家在研究现代早期自然志的历史时，很少集中于概念的发展，在方法上也很少对文本进行内部的解读。相反，自然志家在学者共同体中的活动和实践成了重要的研究课题。这种编史思路虽然大大扩展了自然志历史研究的问题领域，但对于自然志思想内部的演进，却很少概括出固定的论题。另一方面，断裂论的辩护者为了强调近代自然志中存在一种截然的断裂，也常常把近代自然志科学的诞生描绘成一种陡然的突现。例如，在福柯那里，两种不可通约的认识型之间的转换几乎是神秘的。继承了福柯思路的阿什沃斯在讨论文艺复兴时期自然志时，为了强调文艺复兴时期自然志在世界观上的独特，也将近代自然志历史上的断裂描绘为黑洞式的、无内部结构的猝然消逝和生成。原因大概是，他们对于这段思想运动的内部情况的描述力不从心。

本书从一种更为传统的内史进路来接近"近代分类学的诞生"这一问题。本书赞同断裂论的基本论题，即西方自然志在近代经历了一个以分类学兴起为标志的根本性转折。同时，本书力图表明，这种转折存在着可以描述的内部结构，即概念和术语上的准备和演进。如何确证存在着"分类学的诞生"这一事件？证据首先便在于，分类学的开创者们使用了某种术语来称谓这种新的事业。一种新思想的诞生不会永远停留于无法诉诸言说的默会层面，必定会寻找某种思想上的支持，为自己的存在进行某种辩护，为自己的目的做出某种宣告，这种思想运动注定会在概念和术语系统中留下印记或证据。

近代自然志家如何称谓自己的分类学工作呢？进入视野的首先是 *methdous* 一词。16 世纪以降，讨论分类的自然志著作常常以 *methodus*、*methodica disposito*、*enumeratio methodica*、*synopsis methodica* 等用语为标题。这里的 *methodus* 以及形容词性的 *methodicus* 并不是一般意义上的"方式"或某种操作的程序，而是代表着一种分类图式。当人们提到某某自然志家的 *methodus* 时，实际上指的是该自然志家所提出的分类方案，或今天分类学家所称的分类系统。因此，*methodus* 实际上构成了早期分类学家工作的目的和产物。18 世纪英国自然志家、林奈的追随者理查德·普尔特尼（Richard Pulteney，1730—1801）曾经这样写道：

在我们对此系统的这一部分做特别的说明之前，对在我们的作者（指林奈）写作之前的**植物学**中的**方法**（method）做一些总的评论，应当不能算不合适。无需强调研究自然时**方法**的必要，这正是科学的灵魂；在植物界所提供的如此之

多的对象之中，如若没有它（方法），一切试图获得知识的
尝试注定终于不确定和混淆。[①]

　　在其他许多自然志著作中，都是这样应用 *methodus* 一词的。
Methodus 作为"科学的灵魂"，可以说是分类学家的共识。需要
强调的是，对 *methodus* 的这种术语使用完全是近代的，是由近代
自然志家所特别开发出来的，因此可以说，*methodus* 的使用确证
着近代分类学的产生过程。

　　虽然现代早期的分类学家主要用 *methodus* 一词来表达他们的
分类学工作，但与 *methodus* 紧密联系的，还有 *systema* 一词。许
多研究分类学史的生物学史家多次重申 *methodus* 和 *systema* 的同
义，认为这两个词是可以相互替换的[②]：早期分类学家的 *methodus*
就是他们的某种分类"系统"。即便 *methodus* 和 *systema* 之间存在
某种差别，这种差别也是后起的——例如，法国生物学史家埃米
勒·卡洛（Émile Callot）在"植物学史中的'系统'与'方法'"
（Système et méthode dans l'histoire de la botanique）一文中，认为

---

　　① 　R. Pulteney, *A General View of the Writings of Linnaeus*, p. 111. 对"方法"的
加重强调是普尔特尼原文中的。

　　② 　这里仅仅举出几例：P. F. Stevens, *The Development of Biological Systematics:
Antoine-Laurent de Jussieu, Nature, and the Natural System*, New York: Columbia
University Press, 1994, pp. 12, 403; S. Müller-Wille, *Botanik und weltweiter Handel: Zur
Begründung eines Natürlichen Systems der Pflanzen durch Carl von Linné (1707—78)*,
Berlin: VWB-Verlag für Wissenschaft und Bildung, 1999, p. 51; S. Müller-Wille, "Systems
and How Linnaeus Looked at Them in Retrospect", *Annals of Science*, vol. 70, no. 3,
2013, p. 311。

拉马克在《法国植物志》(*Flore française*, 1778)中，才开始用"方法"指称自然分类，而用"系统"指称人为的分类法，而在此之前，两个术语并没有什么区别。[①] 生物学史家假定这两个术语是同义的，却掩盖了一段重要的概念史变迁——这是因为，"系统"(*systema*)仍然活跃在今天生物分类学家的口头和著作中，而 *methodus* 这一现代早期十分常用的术语却在当代分类学中几乎消失了。当生物学史家试图解读现代早期自然志家的著作时，常常过分轻易地将 *methodus* 替换为他们所更为习惯的"系统"(*systema*)。其结果是 *methodus* 这一术语很少得到生物学史家的重视。

Methodus 一词有十分古老的起源，当它进入自然志家的视野时，总是裹挟着前人对这些术语的理解和用法，只有通过概念的考古才有可能探明这种层积起来的意义地层。当最早的分类学家第一次使用 *methodus* 一词来指称自己的分类学工作时，他们所想到的并不是今天那种成熟的"分类系统"观念，而是某种在他们之前被称为 *methodus* 的事物。为了细致地刻画断裂论所提出的围绕着分类学的断裂，就需要找到分类学在自然志家那里最初采取的形式和表达，而这种最初的表达便是 *methodus*。如果缺乏 *methodus* 这一中介来理解分类学史，将茫然于分类学的诞生过程——特别是，如果将早期分类学家的 *methodus* 不假思索地等

---

① É. Callot, "Système et méthode dans l'histoire de la botanique", *Revue d'histoire des sciences*, vol. 18, no. 1, 1965, p. 47.

同于"分类系统",等于承认了"分类系统"的观念在一开始便存在于自然志中,抹杀了分类学从无到有的起源过程。因此,对 *methodus* 以及附带对 *systema* 进行一番概念史的考察是必要的。这样的考察,必然涉及两种基本的研究,首先是细致分析概念的思想史来源,其次是探究这些概念在自然志家工作中的实际运用。具体来说,首先需要探究清楚,*methodus* 一词对于最初使用它的自然志家意味着什么,他们从哪里得到对 *methodus* 的理解,同时代其他领域的学者是如何使用这个术语的;其次,自然志家如何在具体的分类学工作中体现他们对于 *methodus* 的理解,不同自然志家构造的 *methodus* 之间有何异同,*systema* 又和 *methodus* 有何种联系。本书将从这两个角度来研究 *methodus* 和 *systema* 的历史演进,以推进对自然志的概念史研究。

在科学史的专业研究中,对 *methodus* 概念的讨论开始很早,但主要集中于亚里士多德主义自然哲学和数理科学的领域。卡西尔(Ernst Cassirer,1847—1945)在很早的时候就注意到了伽利略和扎巴列拉(Jacopo Zabarella,1533—1589)有过两种"方法"(*methodus*)——合成(*compositio*)和分解(*resolutio*),他以此来说明伽利略思想的亚里士多德主义特征[1]。卡西尔的这一观点,后来进入了科学史领域,被 A. C. 克隆比(Alistair Cameron Crombie,1915—1996)等人所接受。随着现代早期科学史研究

---

① E. Cassier, *Das Erkenntnisproblem in der Philosophie und Wissenschaft der neueren Zeit*, 2 Bände, Berlin: B. Cassier, 1906-1907.

的深入，科学史家对近代数理科学中科学方法的界定和起源有了更加清晰的图像[①]。美国哲学家、思想史家约翰·赫尔曼·兰德尔（John Herman Randall，1899—1980）于1940年首先提出，伽利略的科学方法起源于亚里士多德主义的回溯法（regressus），这中间的重要中介便是帕多瓦的逻辑学家及其著作，其中的重要代表是扎巴列拉的《论方法》（De methodis）——扎巴列拉的这本著作有一半以上的篇幅都在讨论回溯法[②]。自卡西尔和兰德尔重新发现了回溯法的意义之后，对文艺复兴亚里士多德主义中方法论的研究已经成为了科学思想史和哲学史的一个热点[③]。美国思想史家尼尔·W. 吉尔伯特（Neal W. Gilbert）于1960年出版表了《文艺复兴的方法概念》（Renaissance Concepts of Method）一书[④]，系统地梳理了文艺复兴时期"方法"概念的种种含义及其起源，包括它在科学和医学中的使用情况。近年以来，美国思想史家威廉·A. 华莱士（William A. Wallace，1918—2015）对伽利略的 methodus 概

[①] 对从卡西尔开始到20世纪60年代对近代早期自然哲学中"方法"的研究的学术史追溯可参见 S. Kamiński, "Jakuba Zabarelli koncepcja metody poznania naukowego", *Roczniki filozoficzne*, vol. 19, no. 1, 1971, pp. 57-58。

[②] J. H. Randall, "The Development of Scientific Method in the School of Padua", *Journal of the History of Ideas*, vol. 1, no. 2, 1940; *The School of Padua and the Emergence of Modern Science*, Padova: Antenore, 1961. 编史学角度的回顾和评论可参见 H. F. 科恩：《科学革命的编史学研究》，张卜天译，湖南科学技术出版社，2012年，第364—372页。

[③] 较新的进展可见 Di Liscia *et al.*, *Method an Order in Renaissance Philosophy of Nature: The Aristotle Commentary Tradition*, Aldershot: Ashgate, 1997。

[④] N. Gilbert, *Renaissance Concepts of Method*, New York: Columbia University Press, 1960.

念研究最为深入①。然而，这些研究大多集中于数理科学史，自然志并未进入这一学术主题的研究者的视野，切萨尔皮诺等自然志家只是极偶尔才出现在这些讨论中，并且研究者所关注的并非切萨尔皮诺的自然志工作，而是其自然哲学思想。

对于 *systema* 的科学思想史研究则更加接近于生物学史特别是分类学史的研究。德国的概念史（Begriffsgeschichte）研究传统曾经专门研究了生物学中的 *systema* 问题。1967 年 4 月，在德国的杜塞尔多夫举行了关于科学中"系统概念和分类思想"（Systemidee und Klassifikationsgedanke）的学术会议，相关报告以《科学和文献工作中的系统与分类》（*System und Klassifikation in Wissenschaft und Dokumentation*）② 为题结集出版。然而，这些研究与其说是偏重于科学史的，不如说是科学哲学的，涉及生物分类学的论文对于生物学中系统概念和分类思想的历史发展仍然缺乏全面的阐述。最能代表相关概念史研究的是《哲学历史词典》（*Historisches Wörterbuch der Philosophie*）中的"生物学中的系统"（System, biologisches）词条③。然而，在这个综述生物学中 *systema* 概念的词条中，林奈以前的自然志家仅仅占据了极其微

①　W. A. Wallace, *Galileo's Logic of Discovery and Proof: The Background, Content, and the Use of His Appropriated Treatises on Aristotle's* Posterior Analytics, Dordrecht: Kluwer Academic Publishers, 1992, pp. 1-29.

②　A. Diemer ed. *System und Klassifikation in Wissenschaft und Dokumentation: Vorträge und Diskussionen im April 1967 in Düsseldorf*, Meisenheim an Glan: Verlag Anton Hain, 1968.

③　R. Schulz, "System, biologisches", in J. Ritter *et al.* eds. *Historisches Wörterbuch der Philosophie*, Band X, Basel: Schwabe Verlag, 1998.

弱的一隅，也并未提到 *methodus* 和 *systema* 的关联。在专门的生物学史方面，格奥尔格·托普费尔（Georg Toepfer）编写的《生物学历史词典——生物学基本概念的历史与理论》(*Historisches Wörterbuch der Biologie: Geschichte und Theorie der biologischen Grundbegriffe*）是生物学概念史研究的集大成之作。这部词典并没有"方法"的词条，而在"系统学"（Systematik）词条[①]中，也没有论述 *methodus* 和 *systema* 的联系。可以看到，尽管科学史家常常一再申说 *methodus* 和 *systema* 的同义，然而对这两个概念的思想史研究却显示出一种确实存在的割裂。显然，澄清这两个概念在自然志中的运用是必要的。

对于中国学界，*methodus* 一词有着特别的意义。因为这个在欧洲自然志中看上去古旧的词汇实际上很早就进入了汉语世界。对于近代自然志中 *methodus* 这个术语，在汉字文化圈并没有一概简单地翻译成"方法"。在日本刚刚接触欧洲植物学时，这个词一度被音译为"默多德"[②]，可见这一名词从欧洲语言纳入东亚语言时，因无对应的本土概念而十分棘手。然而，日本大规模引入欧洲植物学是在林奈体系业已建立之后，因此，他们所接触到的 *methodus* 是林奈以及其后植物学家所用的含义。日本学者只是初步地接受了这种现成的用法，但是并未反思这一术语的历史。这

[①]　G. Toepfer, *Historisches Wörterbuch der Biologie: Geschichte und Theorie der biologischen Grundbegriffe*, Band III, Stuttgart: Verlag J. B. Metzler, 2011, pp. 443-468.

[②]　如见古山陽司："近世日本植物学史研究序說"，《法政史学》，1959 年第 12 期，第 120—121 页。

里可以举出日本学者翻译和解释 *methodus* 的一例。日本江户时代的兰学家宇田川榕庵（1798—1846）于 1835 年（天保六年）刊行了用汉语写作的《植学启原》一书。这是日本学者译介欧洲植物学的早期著作之一。在介绍植物分类之前的开篇处，宇田川榕庵就先行写了一篇题为"默多德"的文字：

> 默多德，犹言學法，古今唱植學者無慮數百家，而取目徵於植體，或以萼，或以花，各張皇一家之默多德，未知果孰是也。默多德有天然者，有窮人智而建者。其出於天然者，則林娜式約之於六綱（所謂百合類、十字花類、蛾形花類、唇花類、繖花類、聚成花類），擴充諸六十八綱（綱名具載泰西名數）。近世諸賢建一百綱（綱名具載泰西名數百綱譜）。其窮人智而建者，即林娜氏之二十四綱也。[①]

这里的"林娜"即是林奈。宇田川榕庵解释了 *methodus* 在欧洲语言中的原意是"学法"。值得注意的是，他还提到了"天然者"和"穷人智而建者"两类默多德，对应的是从林奈开始得到推广的术语"自然方法"和"人为方法"，这正是 18—19 世纪分类学的一个重点问题。可见宇田川榕庵对欧洲植物学的敏感。同时，这应当也是汉语文献中第一次对自然志科学中的 *methodus* 概

---

① 宇田川榕庵：《植学启原》，風雲堂藏，青藜閣，1835 年，第 2 页。原文无断句，这里的标点是笔者加的。

念进行专门的解说。

在中国生物学界和科学史界，对于近代欧洲自然志中的 *methodus* 一词，虽然未曾有过专门的探讨，但是通过翻译时的译名，也表明了自己的理解。和日本不同，中国开始翻译西方的植物学著作更晚一些。近代中国第一本引介西方植物学的书籍是李善兰（1811—1882）和英国人韦廉臣（Alexander Williamson，1829—1890）合作编译的《植物学》一书 ①。这本书中并没有出现 "默多德" 或其他 *methodus* 的译法，这可以从其文本来源得到解释。根据芦笛的考证，这本书所依据的外文原本有英国植物学家约翰·林德利（John Lindley，1799—1865）的《植物学基础》（*The Elements of Botany*）和英国神学家、植物学家约翰·H. 巴尔弗（John Hutton Balfour，1808—1884）的《植物神学》（*Phyto-Theology*）②。在林德利和巴尔弗的书中，已经极少使用 method / *methodus* 这一术语，更加常用的是 "系统"（system），因而中文编译者实际上并未接触到 *methodus* 的翻译问题。对 *methodus* 的汉译，是现当代中国植物学研究者对植物学史进行回顾时才开始的。我国的植物分类学家秦仁昌（1898—1986）在翻译斯特恩（William T. Stearn，1911—2001）的名著《植物学拉丁文》（*Botanical Latin*）一书时，将书中提到的约翰·雷（John Ray，1627—1705）的著作名 *Methodus Plantarum Nova* 译为《植物的

① 李善兰：《植物学》，韦廉臣、艾约瑟辑译，上海交通大学出版社，2014 年。
② 芦笛："晚清《植物学》一书的外文原本问题"，《自然辩证法通讯》，2015 年第 6 期。

新教程》[①]，也即把 *methodus* 处理为"教程"或教学法。我国的植物学拉丁文专家沈显生在其编写的拉丁语教材中也沿袭了这一译名。[②] 在今天的汉语分类学相关著作中，涉及 *methodus* 汉译的，大多数还是将之解为"方法"或"分类方法"。如植物学家杨保民编写的《拉汉植物学术语类汇》中，将 *methodus* 词条解说为"方式；方法"[③]；植物分类学家汪劲武在教科书《种子植物分类学》里，把 *methodus plantarum* 译为"植物分类方法"[④]；熊姣在研究约翰·雷的专著中，亦将约翰·雷著作题目中的 *methodus* 译为"分类方法"[⑤]。这些译法以不同角度接近了近代自然志中 *methodus* 的含义。我们接受"方法"这一现成且已通行的汉译，以求全书术语的统一，但在后面的研究中，本书将揭示这一术语的复杂性和多面性。

四 本书结构

本书以前林奈时代和林奈本人的 *methodus* 与 *systema* 概念为研究对象，将涉及多位自然志家的工作。本书第一章将首先对古

---

① W. T. 斯特恩：《植物学拉丁文》，下册，秦仁昌译，余德浚、胡昌序校，科学出版社，1981，第 41 页。
② 沈显生：《植物学拉丁文》，中国科学技术大学出版社，2010 年，第 3 页。
③ 杨保民："拉汉植物学术语类汇"，湖南省林业厅，第 176 页。
④ 汪劲武：《种子植物分类学》(第 2 版)，高等教育出版社，2009 年，第 4 页。
⑤ 熊姣：《约翰·雷的博物学思想》，第 56 页及以下多处，另可参见第 276—277 页上的著作译名对照表。

代到文艺复兴时期的 *methodus* 概念演变进行梳理，特别关注涉及自然志相关的学者和思想家。这些对于 *methodus* 的理解，也是文艺复兴时期以来的自然志家所首先接触和面对的。

自第二章起，本书将专门地探讨若干自然志家对于 *methodus* 和 *systema* 的理解。我们根据生卒和活动年代，将这些自然志家分为三组。（1）文艺复兴自然志家（第二章）：① 安德雷亚·切萨尔皮诺（Andrea Cesalpino，1519—1603），② 扎鲁然尼的亚当·扎卢然斯基（Adam Zalužanský ze Zalužan，约 1555—1613），③ 乌利塞·阿尔德罗万迪（Ulisse Aldrovandi，1522—1605）。（2）十七世纪自然志家（第三章）：① 约翰·雷（John Ray，1627—1705），② 约瑟夫·皮栋·德·图尔内福（Joseph Pitton de Tournefort，1656—1708）。（3）卡尔·冯·林奈（Carl von Linné，1707—1778）（第四章）。

除去扎卢然斯基之外，这些人物均是现代早期欧洲最有代表性的自然志家，他们的生卒和活动年代也较为完整地覆盖了 16 世纪下半叶到 18 世纪中叶这段现代早期历史。其中，第二章涉及的"文艺复兴自然志"是科学史领域内广为认可的断代划分。切萨尔皮诺作为第一个对植物进行系统分类的自然志家，将作为本书主体部分的开端。扎卢然斯基则是第一位在关于植物分类的著作的标题中使用 *methodus* 一词的自然志家，因此也特别值得关注。阿尔德罗万迪则被认为是最为典型的文艺复兴自然志家。这三位自然志家之间并非是顺序演进的关系，而是代表了几乎同时代存在的三种立场。第三章以英国的约翰·雷和法国的图尔内福为主题，他们是文艺复兴时期以后、林奈以前最为重要的两位自然志家，他们集中地探讨了分类问题，构成了一种论战的关系。以林奈为界，将分类学史划分为前林奈时代和后林奈时代也是绝大多数生物学史家的做法。因此，林奈将作为本书的终点，在最近一章讨论林奈对于 *methodus* 和 *systema* 的改革。

第一章 古代到文艺复兴时期
methodus 概念的演变

一 古希腊的 μέθοδος 概念

拉丁语的 *methodus* 以及许多现代欧洲语言中"方法"（method）、"方法论"（methodology）等术语，在词源上来自于古希腊语 μέθοδος 一词。Μέθοδος 一词在构词和词源上又是 μετά（"在……之后，依照"）和 ὁδός（"道路"）组合而来，本义是"循着道路行进或追寻"。由此，μέθοδος 又获得了"对知识的探究"等转义。这一转义的高频使用，覆盖了 μέθοδος 的本义，使这个本义并不总能为人认识到。国外一些古希腊语词典在解释 μέθοδος 一词时，将其直接释说为"认识""方法"或类似的意思，许多20世纪欧陆出版的古希腊语辞书就是这样处理的①。

---

① 如约·哈·德沃列茨基（Иосиф Хананович Дворецкий，1894—1979）编纂的《古希腊语俄语词典》中，μέθοδος 的第一义项即是"研究或认识的途径，方法"（И. Х. Дворецкий сост. *Древнегреческо-русский словарь*, Том II: М-Ω, Москва: Государственное издательство иностранных и национальных словарей, 1958, p. 1062: "путь исследования *или* познания, метод"）。佐菲亚·阿布拉莫维楚芙娜（Zofia Abramowiczówna，1906—1988）编的《希腊语波兰语词典》中，第一义项同样为"认识，探究"（Z. Abramowiczówna red. *Słownik grecko-polski*, Tom III: Λ - Π, Warszawa: Pa ń stwowe Wydawnictwo Naukowe, 1962, p. 90: "poznawanie, badanie"）。以上词典均无"追寻"义。

我国罗念生、水建馥编写的《古希腊语汉语词典》中 μέθοδος 的第一义项解作"用方法寻求"[1]，这接近了本书所提及的"追寻"之意。但是应当指出，在一些古希腊语文本中，μέθοδος 一词显然并不关涉到今天人们所说的那种抽象的"方法"即某种获得知识的思维程序。这种例子在一些 19 世纪出版的古希腊语词典中尚可检得。比如弗朗茨·帕索（Franz Passow，1786—1833）所编《古希腊语词典》以及以其为蓝本的 Liddell-Scott-Jones《希英词典》中引用了来自拜占庭辞书《苏达》(Σοῦδα) 的例句：της νύμφης μέθοδον ποιεῖσθαι——"去寻那新娘子"[2]。这里的 μέθοδος 显然和"认识""研究途径"之类的含义无关，仅仅是一般的追寻——埃米利奥·波尔托（Emilio Porto，1550—1614/1615）的拉丁语译文将此语译为 *sponsam accersunt*，"去唤新娘子"[3]。这里之所以强调这一点，是为了说明 μέθοδος 一词的原始含义，后面的陈说中可以看到这一原始含义的重新展开和渗透。

在古希腊的哲学文本中，μέθοδος 是一个并不罕见的词汇，柏

---

[1]　罗念生、水建馥:《古希腊语汉语词典》，商务印书馆，2004 年，第 528 页。

[2]　见 F. Passow, *Handwörterbuch der griechischen Sprache*, Band 2.1, Leipzig: Fr. Chr. Wilh. Vogel, 1852, p. 152；H. G. Liddell and R. Scott, *A Greek-English Lexicon*, 7th edition, New York, Chicago, Cincinnati: American Book Company, 1901, p. 931。完整的原文可见 A. Meineke, *Fragmenta comicorum Graecorum. Volumen III: Fragmenta poetarum comoediae mediae continens*, Berlin: G. Reimer, 1840, p. 276。

[3]　A. Portus, A. and L. Küster, *Suidae lexicon, Graece & Latine*, Tomus II, Cambridge: Typis Academicis, 1705, p. 4.

拉图就曾多次使用过它 ①。在柏拉图那里，μέθοδος 的使用有一些
颇能引人兴趣的微妙之处，例如人们发现，μέθοδος 和 ὁδός 还常
常保存着紧密的关联 ②。但本书无法全面地总览柏拉图及其以后古
希腊哲学中 μέθοδος 的用法，我们只能根据主题，主要讨论两个
和自然志史关联最为紧密的方面：①亚里士多德自然研究中的
μέθοδος；②古典古代医学中的 μέθοδος，特别是所谓的"方法
学派"（Μεθοδικοί）医学。乍看起来，前者属于传统的哲学史研
究范围，后者则是专门的科学史——医学史研究主题，两者之
间似乎仅有字面上的重合。但在后面会指出，这两者之间确实
存在着关联。

（一）亚里士多德自然研究中的 μέθοδος

亚里士多德不仅十分频繁地使用 μέθοδος 一词，同时也十
分多义地使用这个词。用尼尔·吉尔伯特的话说，"亚里士多德
对 μέθοδος 的特殊用法一直困扰着翻译家们——他们面对的难题
是，如何用恰当的拉丁语或英语词语来把捉这个词难以琢磨的含
义"③。在过去，一种比较常见的理解是把亚里士多德的 μέθοδος

---

① 鲁道夫·倭铿（Rudolf Eucken，1846—1926）指出，柏拉图首次在哲学
上对 μέθοδος 进行"纯术语性的"（rein technisch）使用并将其提升为一个哲学概念
用语，见 R. Eucken, *Geschichte der philosophischen Terminologie im Umriss*. Leipzig:
Verlag von Veit & Comp, 1879, p. 17。尼尔·吉尔伯特肯定了这一说法（N. Gilbert,
Renaissance Concepts of Method, p. 40）。

② P. S. Horky, *Plato and Pythagoreansim*, New York: Oxford University Press,
2013, pp. 229, 232.

③ N. Gilbert, *Renaissance Concepts of Method*, p. 42.

分出两类用法。赫尔曼·伯尼茨（Hermann Bonitz，1814—1888）在他著名的《亚里士多德索引》（*Index Aristotelicus*）中，列出了亚里士多德著作中 μέθοδος 一词出现的地方，将其含义归为两类：①探究的路径和方式（*via ac ratio inquirendi*）；②论说和探究本身（*ipsa disputatio ac disquisitio*）。① 前者指较为抽象的"方法"，后者较不抽象，指某种具体的方法及其实际运用。这种二分自然是有些粗疏的，并没有指出亚里士多德著作中 μέθοδος 一词的具体规定和功能。而且，伯尼茨本人似乎并没有完全理解亚里士多德在某些地方对 μέθοδος 的使用属于何种含义。例如，尼尔·吉尔伯特不无道理地指出，在《论动物的部分》中，亚里士多德有过 ὁ τρόπος τοῦ μεθόδου 这样的用法（646a2），伯尼茨将其归入第一类（抽象意义上的"方法"）。但 τρόπος 本身就已是一般的"方式"，它的后面再加上抽象的"方法"即 μέθοδος 的属格，这便成了"方法的方式"，这在意思上十分累赘、费解。而依照亚里士多德的表述习惯，是不会进行这样架屋叠床的费用的。那么，这里的 μέθοδος 应当意指某一种明确的、具体的"方法"。② 于是，可以很自然地提出这样的问题：这种有明确所指的"方法"是什么？特别是在对自然进行研究时，亚里士多德所说的 μέθοδος 究竟是什么呢？

对此，美国科学思想史家詹姆斯·G. 兰诺克斯（James G.

---

① H. Bonitz, *Index Aristotelicus*, Berlin: G. Reimer, 1870, pp. 449-450.

② N. Gilbert, *Renaissance Concepts of Method*, p. 41.

Lennox）在近年做出了较为详细的阐释①，代表了西方学界对这一问题的最新研究进展。尤其值得我们关注的是，作为科学史家的兰诺克斯对亚里士多德的自然哲学和动物研究著作十分注意，这正是本书所关心的问题，因此，这里对他的工作予以撮要的介绍和评论。

兰诺克斯工作的背景是关于亚里士多德的一个经典争论——亚里士多德在研究自然时，是一个经验主义者（empiricist），还是一个理性主义者（rationalist）呢？②传统上，认为亚里士多德属于经验主义的理由有：亚里士多德认为知识起源于感觉，亚里士多德本人在对自然进行研究时也进行了细致的观察，生物学著作尤其如此。③很多亚里士多德的解释者指出，在《后分析篇》第二卷第十九章中，亚里士多德也明确地发展了一种通过归纳获得

---

① J. G. Lennox, "Aristotle on Norms of Inquiry", *HOPOS: The Journal of the International Society for the History of Philosophy of Science*, vol. 1, no. 1, 2011; "How to Study Natural Bodies: Aristotle's μέθοδος", in M. Leunissen ed. *Aristotle's* Physics: *A Critical Guide*, Cambridge: Cambridge University Press, 2015.

② 用这样的方式提出问题有一点年代误植的嫌疑——似乎是把近代认识论的问题移到了古代。不过，这的确是亚里士多德学界多年以来一直使用的术语。或许，如近年来在亚里士多德研究中建树颇多的德国哲学史家沃尔夫冈·库尔曼（Wolfgang Kullmann）那样，采用亚里士多德的"（诸种）经验倾向"（Empirische Tendenzen）之类的用语更加恰当（见 W. Kullmann, *Aristoteles als Naturwissenschaftler*, Berlin/München: De Gruyter, 2014, p. 258 及以下）。

③ M. Frede, "Aristotle's Rationalism", in M. Frede and G. Striker eds. *Rationality in Greek thought*, Oxford: Clarendon Press, 1996, p.157. "经验主义论"的更多尝试及其评论，可见 M. Ferejohn, "Empiricism and the First Principles of Aristotle's Science", in G. Anagnostopoulos ed. *A Companiaon to Aristotle*, Oxford: Wiley-Blackwell, 2009。

知识的认识论，从而有很强的经验主义特征。兰诺克斯则提出，这种解释是有问题的，他认为亚里士多德在认识方法问题上采取的是一种局域论（localist）态度——亚里士多德在《后分析篇》中想说的，不过是每一门科学都有自己的第一原理，这种第一原理也只能通过对该领域的事实进行考察才能得到。对于亚里士多德来说，天界的天体显然和月下区的生物有本质上的差别，人们对它们的认识关系也是不同的，不能设想一种整齐划一的认识方案。亚里士多德本人也在不同的著作中多次提及这种差别。[①]

　　兰诺克斯由此绕开了"经验主义论"的一大支柱，同时也没有落入"理性主义论"的过强命题，这使得他有可能对亚里士多德在不同学科中的研究方法进行负担较小的考察。他在考察中发现，在亚里士多德的很多著作中，μέθοδος 都占有重要的地位。在《修辞术》中，亚里士多德就曾经提到过他有专门的"关于方法"（ἐν τοῖς μεθοδικοῖς）的论说（1356b20）。第欧根尼·拉尔修在《名哲言行录》中也提到，亚里士多德有过题为《方法论》（Μεθοδικὰ）的著作。兰诺克斯推断，亚里士多德在这样的著作中，想要讨论的是不同学科中采用的不同方法。兰诺克斯还注意到，亚里士多德在重要著作的开篇处，常常都会出现 μέθοδος 一词，这个很显然的事实却很少有学者注意到。他举出的例子有：

　　　　知识，特别是关于每一 μέθοδος 的科学知识……（《物理

---

①　J. G. Lennox, "Aristotle on Norms of Inquiry", pp. 23-26.

学》第一卷，184a10-11）。

　　每种研究和每种 μέθοδος——最卑下和最可贵的……
（《论动物的部分》第一卷，639a1-2）。

　　每种技艺和每种 μέθοδος，以及一切行动和决断，都以
某种善为目标（《尼各马可伦理学》第一卷，1094a1-3）。

　　……留待我们研究的这同一 μέθοδος 的一部分，我们的
前人称之为天象学（《天象学》第一卷，338a25-26）。[①]

　　兰诺克斯指出，前人未曾注意到这一现象的原因之一在于，
亚里士多德的译者常把这里的 μέθοδος 翻译为不同的现代语言
词汇——比如"研究"（recherche）、"学科"（discipline）、"部门"
（department）、"探究"（inquiry）等。同样可以看到，在汉语世界
中，亚里士多德著作的汉译本也追随欧洲语言的译文，并没有对
μέθοδος 做统一的处理和翻译。比如《物理学》开篇的 περὶ πάσας
τὰς μεθόδους，徐开来译为"一切方式"，张竹明的旧译本译为
"一种研究"。吴寿彭按照自己的理解，将《论动物的部分》第一
卷第一章的 μέθοδος 意译为形容词性的"有系统的"。[②]廖申白在

---

　　① 转引自 J. G. Lennox, "Aristotle on Norms of Inquiry", p. 29。
　　② 这样的处理有一定道理，因为此处原文中，亚里士多德是用语气比较强
烈的 τε καὶ 来连接 θεωρίαν 和 μέθοδον 的，吴寿彭显然将其理解为"θεωρίαν 同时
也是 μέθοδον"，从而解为"讲求 μέθοδος 的 θεωρία"（类似英语 methodical、德语
methodisch、法语 méthodique 等）。不过，更合文法也更合理的处理是把 θεωρίαν 和
μέθοδον 视为不同的两种东西，把 τε καὶ 所代表的含义理解为"θεωρίαν 和 μέθοδον
这两者都……"。这个连词如何理解，是兰诺克斯论证的一个关键。见 J. G. Lennox,
"Aristotle on Norms of Inquiry", pp. 31-32。

他译注的《尼各马可伦理学》中，将开篇处的 μέθοδος 译为"研究"，并专门加注解说："μέθοδος，或 ζήτησις，或译探究、探索，是理智对可变动事物进行的思考活动。在《尼各马可伦理学》中，亚里士多德没有对研究作过定义，但是他似乎把研究作为科学与技艺、智慧与考虑（明智的一种形式）的泛称（参见 1096a12，1098a29，1112b20-22，1142b14）。"[①] 这些理解和欧美亚里士多德专家的主流做法是相似的，即仍然把 μέθοδος 当作一个含糊的一般用语来解说，或者把 μέθοδος 附解为其他一些词汇的同义词。

　　然而，亚里士多德在他的著作起首处如此频繁地使用 μέθοδος，这个事实不可不重视。这提示我们，亚里士多德是将 μέθοδος 当作一个专门的术语来使用的。兰诺克斯从 μέθοδος 一词的使用来索解这个词的含义。他十分重视《论动物的部分》的开篇第一句：

　　　　Περὶ πᾶσαν θεωρίαν τε καὶ μέθοδον, ὁμοίως ταπεινοτέραν τε καὶ τιμιωτέραν, δύο φαίνονται τρόποι τῆς ἕξεως εἶναι, ὧν τὴν μὲν ἐπιστήμην τοῦ πράγματος καλῶς ἔχει προσαγορεύειν, τὴν δ οἷον παιδείαν τινά. (639a1-5)

　　按照兰诺克斯的解说，这一段可以译为：

---

　　① 亚里士多德：《尼各马可伦理学》，廖申白译注，商务印书馆，2003 年，第 3 页。

　　每种研究和每种 μέθοδος——最卑下的和最可贵的——
有两种状态，一种可以恰切地称为关于其主题的科学知识，
另一种则是某种 παιδεία（直译：教育，教化）。

　　《论动物的部分》想要把读者引向 μέθοδος 的第二种状态，即
某种 παιδεία——这里的 παιδεία 指的是做评判的判断力。这种判
断力可能是泛泛意义上的，也可能是关于某一特定学科的判断力。
这里亚里士多德关心的是自然研究——特别是动物研究，因此他
继续写道："同样，对于自然的探究（καὶ τῆς περὶ φύσιν ἱστορίας），
也需要这样的标准（ὅροι）"（639a12-13）。这里，μέθοδος 显示出
和两个概念相关，一是 παιδεία，一是 ὅροι。依据兰诺克斯的解说，
这里的 μέθοδος 是获致 παιδεία 而非 ἐπιστήμη 即具体知识的（这是
θεωρία 的侧重），侧重于进行研究的方式而非研究对象。在较不
抽象的意义上讲，μέθοδος 指的是依照某些特定规范或标准（norms
or standards）而进行的研究，这些规范和标准又是适用于某一特
定研究领域的。[①] 可以说，一种 μέθοδος "自带"了知识领域中的
局域（localist）特性。此外，它具有规范性——不遵循 μέθοδος
规定次序的研究将是脱离正道或"脱轨"的。

　　具体在动物研究领域，亚里士多德这样提出了 μέθοδος 的问
题：如果要研究动物，那么是应当首先研究多种动物所共有的属
性、随后再研究特性呢，还是应当直接研究一个个个别的动物物

---

① 　J. G. Lennox, "How to Study Natural Bodies: Aristotle's μέθοδος", pp. 12-14.

种呢（639a16-19）？[①] 在否定了柏拉图的二分法以后，亚里士多德对这个问题给出了回答。用兰诺克斯的话来说，就是要确定一大类动物所共有的特征（比如鸟类的羽毛和喙）的种差层级，这可以简短地称为"多重种差"（multiple differentiation）方法。[②] 兰诺克斯指出，在《动物志》中，亚里士多德一直在使用这种方法。兰诺克斯选择了亚里士多德在《动物志》第四卷中论述软体动物[③]的一段来当作这种 μέθοδος 的示范：

> 所谓的软体动物有这些外部部分：一是所谓的足；二是和足连在一起的头；三是包容内部器官的体囊——有些人错误地将之称为头；四是环绕体囊的鳍。**一切软体动物**的头均位于足和腹部之间。**一切**软体动物都有八只足，其上全部有两列吸盘，只有一种章鱼**例外**。乌贼、小管鱿和大管鱿具有一种**独特的**特征，即有两只长触手，其末端有两列吸盘，从而是粗糙的，它们用这对触手捕捉食物纳于口内，在起风暴时用触手攀住岩石，就像锚一样（523b21-33）。[④]

用黑体着重标出的文字揭示了这种 μέθοδος 规定的次序——

---

① 　J. G. Lennox, "Aristotle on Norms of Inquiry", p. 33.

② 　同上。

③ 　需要注意的是，亚里士多德的"软体动物"（τὰ μαλακία）相当于今天动物分类学中的头足纲（Cephalopoda），并非整个软体动物门（Mollusca）。

④ 　见 J. G. Lennox, "Aristotle on Norms of Inquiry", p. 34。黑体字是兰诺克斯标注的。

首先亚里士多德指出这一大类动物（软体动物）的外部解剖特征，然后逐步再讨论下属各小类动物的特征。这个顺序在其后的讨论中也一直被遵循的。兰诺克斯把亚里士多德这种程序中第一步涉及的类群称为"入口类"（entry-level kind），这一般是共享着大量特征的类群——比如，这里的头足类动物都有头、八只足、体囊、环形鳍等特征。"入口类"动物的特征又会在子类中产生不同的种差，保证了后续讨论可按照《论动物的部分》第一卷第二、三章中的方法进行。①

兰诺克斯对亚里士多德 μέθοδος 概念的阐释十分新颖，提出了一些过去人们未曾注意到的问题。由于他对此项工作尚在进行中，可以发现其中仍有一些难以解释之处。② 例如，作为他论证出发点的 639a1-5 处似乎暗示，θεωρία 和 μέθοδος 二者都既可以达到 παιδεία，也可以达到 ἐπιστήμη，这让人怀疑 θεωρία 和 μέθοδος 是否真的存在概念和功能上的区别。兰诺克斯也只是用"侧重"（emphasize）等用语来描述二者的差别，可见其分野是不甚分明的。假如这个差别真的十分重要，但在亚里士多德本人之处，却很难找到明确的直接论述，只有孤例出现在《论动物部分》中，这一点也是很成问题的。尽管如此，兰诺克斯的工作仍然为我们提供了相当有价值的成果：在亚里士多德动物学研究这一领域内，他指出的

---

① J. G. Lennox, "Aristotle on Norms of Inquiry", pp. 34-35.
② 兰诺克斯本人也一直表示，和他进行讨论的学者中，还没有人能完全同意他的结论。见 J. G. Lennox, "Aristotle on Norms of Inquiry", p. 23; "How to Study Natural Bodies: Aristotle's μέθοδος", 2015, p. 10。

μέθοδος 和 60 年代以来亚里士多德研究者得到的主要成果是一致的并可相互补充的，特别是他指出了亚里士多德论动物文本的基本结构——过去人们常常把《动物志》这样的著作视为无明显组织结构的资料片段的堆积。他指出的这种结构和方法可作为一个出发点，为我们理解现代早期自然志家的研究方法提供对比用的参照物。

（二）古典古代的"方法学派"医学与盖伦的"方法"

在古希腊、古罗马时代（"古典古代"，Classical Antiquity）存在着兴盛而多样化的医学传统。从盖伦时代开始，就常把希腊化时期的医学流派分为理性学派（Rationalists 或 Dogmatists）、经验学派（Empiricists）和方法学派（Methodists），今天的医学史教科书仍然采用着这一划分。一般的说法是，理性学派和经验学派争论的焦点之一是是否应当进行人体解剖、观察内部器官，理性论者认为人体解剖可以帮助找到疾病的隐秘原因，而经验论者认为医生应当关注可见的外部症状和原因，重视经验性的治疗方法；而到了 1 世纪，方法学派兴起，认为疾病取决于人体的紧张与松弛状态。

这些学派所争论的，并不仅是具体的医疗技术。和一切古代思想史上的问题一样，古典古代的医学问题总渗透着哲学背景的影响，甚至这些医学直接构成了同时代哲学争论的一部分。[①] 当

---

① 关于古希腊医学和哲学的关系，可参见张轩辞：《灵魂与身体——盖伦的医学与哲学》，同济大学出版社，2016 年，第 312—342 页。更为细致的讨论可见：P. Pellegrin, "Ancient Medicine and Its Contribution to the Philosophical Tradition", in M. L. Gill & P. Pellegrin eds. *A Companion to Ancient Philosophy*, Malden & Oxford: Blackwell Publisher, 2006。

然，理性学派和经验学派的名称本身似乎就表明了这其中可能存
在的哲学分野——近代欧洲哲学的唯理论和经验论之争仿佛构成
了它们的回响，对于任何一个了解哲学史的现代人来说，它们的
名称是颇令人亲近的。而方法学派的名称 Μεθοδικοί 则容易叫使
人产生隔膜感——人们很自然地会产生这样的问题：这里冠为学
派名号的"方法"指的是什么？

如果考虑到 μέθοδος 不仅在方法学派的名称中出现，盖伦
更是频繁使用这个词①，它还是盖伦的主要著作《治疗的方法》
（*Θεραπευτική μέθοδος / Methodus medendi*）的主题②，那么很自然会
得出结论：不澄清 μέθοδος 一词的含义的话，便无法透彻理解这
段医学史。

首先，μέθοδος 是方法学派自己使用的术语。他们的同时代人
塞尔苏斯（Aulus Cornelius Celsus，约公元前 25—公元 50 年）就
曾这样记述方法学派的言行："他们定义了一种特定的途径（*via*），
称之为 μέθοδος。③"然而，由于文献佚失，方法学派的学说未能

---

① O. Temkin, *Galenism: Rise and Decline of a Medical Philosophy*, Ithaca:
Cornell University Press, 1973, p. 28.

② 盖伦这部著作对中世纪和文艺复兴时期影响很大，关于这部著作及盖伦
相关思想在中世纪和近代早期的传播及思想史角色，可见 P. Kibre and I. A. Kelter,
"Galen's *Methodus medendi* in the Middle Ages", *History and Philosophy of the Life
Sciences*, vol. 9, no. 1, 1987 和 J. Boss, "The *methodus medendi* as an Index of Change in
the Philosophy of Medical Science in the Sixteenth and Seventeenth Centuries", *History
and Philosophy of the Life Sciences*, vol. 1, no. 1, 1979。

③ "[...] quam ita finiunt ut quasi viam quandam quam μέθοδον nominant[...]"，转
引自 L. Edelstein, "The Methodists", in O. Temkin & C. L. Temkin eds. *Ancient Medicine:
Selected Papers of Ludwig Edelstein*, Baltimore: Johns Hopkins Press, 1967, p. 174。

成系统地保留下来，只能通过其他人的著作来推断。从已保留下来的文献来看，方法学派认为治疗的基础是 ἔνδειξις（知识）而非 τήρησις（观察），他们认为医师仅凭借经验是不足以治病的，这一点上，他们接近理性学派。但同时他们又反对理性学派过分看重逻辑推演的做法，而和经验学派一样重视各种现象，他们所追求的是"现象的知识"（ἔνδειξις τῶν φαινομένων）。可以说，他们处于理性学派和经验学派之间。[①] 这是方法学派在医学学派争论中的大致立场。

我们在这里的任务当然不是要解说这个残缺体系的种种细节[②]，而是要弄清楚他们自称的 μέθοδος 有什么样的特点，想要表达什么样的含义。哲学史家迈克尔·弗雷德（Michael Frede，1940—2007）指出，方法学派用 μέθοδος 为自己的学说命名，是因为他们认为自己的医学实践有"牢固、坚实、可靠的基础，也为医学提供了安全、简单和科学的方法"[③]。简单性是方法学派的 μέθοδος 的一个特征——一旦掌握了真正的 μέθοδος，那么医学这

---

① L. Edelstein, "The Methodists", p. 184. 这里，医学史家路德维希·埃德尔施泰因（Ludwig Edelstein，1902—1965）将 ἔνδειξις 译为"知识"（英译文为 knowledge），但 ἔνδειξις 还有演证、迹象、征象、证据等多种含义。

② 比较全面的关于方法学派的文献指引，可见 P. J. Eijk, "Antiquarianism and Criticism: Forms and Functions of Medical Doxography in Methodism (Soranus and Caelius Aurelianus)", in P. J. Eijk, *Ancient Histories of Medicine: Essays in Medical Doxography and Historiography in Classical Antiquity*, Leiden: Brill, 1999。

③ M. Frede, "The Method of So-called Methodical School of Medicine", in M. Frede, *Essays in Ancient Philosophy*, Minneapolis: University of Minnesota Press, 1987, p. 262.

门学问必定在内容和表述上都是简洁的、经济的。据盖伦记述，方法学派宣称，他们可以在六个月内教授完一名医生所应知的东西，他们认为这正是本学派的优点。①

方法学派的 μέθοδος 之所以简单易学，是因为他们有这样一个基本观念——方法学派认为，疾病本身就指示了治疗的方法，就像"口渴"这种状态自动就指示出了救治口渴的办法（喝水）。这便是方法学派所谓 ἔνδειξις 的含义。ἔνδειξις 本是一个晚期希腊化时代的认识论术语，是不同征示中的一种——有的征示是通过经验得到判断的，比如看到烟，人们可根据之前的经验判断有起火这个事实；而另有一些征示不是通过经验而是通过理性来判断的，这就是 ἔνδειξις。例如，对于原子论者来说，"运动"是"存在虚空"的 ἔνδειξις，这是通过理性判断的。②

方法学派的具体医学方法自然有很多细节可供追索，但以上两点已经指示出了方法学派的 μέθοδος 的根本特点——首先要求简单的规则，其次这种规则应当是尽量直接、直观但又同时综合了经验和理性二者。

盖伦十分熟悉包括方法学派在内的各派医学学说，在某种程度上，可以说他和方法学派诞生之初一样，面对着理性主义和经验主义之争的问题。③ 盖伦受过哲学和医学两方面的系统训

---

① L. Edelstein, "The Methodists", p. 184.

② P. Pellegrin, "Ancient Medicine and Its Contribution to the Philosophical Tradition", p. 675; M. Frede, "The Method of So-called Methodical School of Medicine", pp. 264-266.

③ N. Gilbert, *Renaissance Concepts of Method*, pp. 5-6.

练①，在他的著作中，可以看到他对方法问题做过专门的讨论。盖伦讨论所谓"治疗方法"（*methodus medendi*）的地方，除了前述同名著作《治疗方法》以外，还见于《就医艺之构成致帕特罗斐利乌斯》（*Πρός Πατροφίλου περί σύστασεως ιατρικής / De constitutione artis medicae ad Patrophilum*）、《论健康之道》（*Ὑγιεινῶν λόγος / De sanitate tuenda*）等。② 而盖伦对于一般方法论的关心则——用荷兰哲学史家图恩·提勒曼（Teun Tieleman）的话说——"跃然于他现存著作的几乎每一页上"③。

　　在较早期的研究中，盖伦在方法论上常常被描绘为一个折中主义者④，不过随着盖伦研究的深入发展，这种指称日益少见⑤。尽管如此，仍不能否认盖伦的方法论的确有综合理性主义和经验主义的特征，即令在弗雷德等人的反对者的描述中，也不难辨认出这一特点。例如，提勒曼在《剑桥盖伦指南》中的"方法论"一章中，力图把盖伦的方法论描绘为一种独特版本的理性主义，但他也承认盖伦对经验学派和理性学派进行了某种调和，"盖伦所设想的方法，可以这样粗略地刻画——它调和了发现过程中由理性［即理性方法（rational methods）］引导的一个阶段，以及随后的

①　张轩辞：《灵魂与身体——盖伦的医学与哲学》，第18—44页。

②　J. Boss, "The *methodus medendi* as an Index of Change in the Philosophy of Medical Science in the Sixteenth and Seventeenth Centuries", p. 16.

③　T. Tieleman, "Methodology", in R. J. Hankinson ed. *The Cambridge Companion to Galen*, Cambridge & New York: Cambridge University Press, 2008, p. 49.

④　如M. Frede, "On Galen's Epistemology", in M. Frede, *Essays in Ancient Philosophy*, Minneapolis: University of Minnesota Press, 1987.

⑤　张轩辞：《灵魂与身体——盖伦的医学与哲学》，第5—6页。

某种确证或经验手段"①。当然，提勒曼的工作在自己的目标上是成功的。提勒曼说明了盖伦所采用的方法在很大程度上继承自亚里士多德和柏拉图，比如盖伦对划分法（διαίρεσις）的运用、他的三段论证明和"几何学式的"方法，等等。盖伦思想中，的确可能存在着某种理性主义的根本筹划。

* * *

尽管理论取向各异，但亚里士多德、方法学派和盖伦对 μέθοδος 的看法仍然共享了某些特点——他们提出自己的 μέθοδος，在某种程度上都是作为理性—经验二分的某种替代方案。虽然从某种立场上看，围绕亚里士多德的理性主义—经验主义之争可能更多是哲学史家的事后构造，但是，亚里士多德本人在动物研究中，也的确面临着如何把经验材料组织进哲学论说的难题，依照兰诺克斯的解说，动物学研究中那种特定的 μέθοδος 就是亚里士多德对这一难题的回答。古典古代的方法学派医学和盖伦更是面对着经验学派和理性学派的争论，发展了各自的 μέθοδος 作为回应。它们的历史命运在近代亦有重合——吉尔伯特在论述文艺复兴时期的 *methodus* 概念时曾观察到："欧洲历史上经验观察和实验重新被承认为科学研究的重要组成部分的这一时期，也是盖伦的著作获得极大尊敬之

---

① T. Tieleman, "Methodology", in R. J. Hankinson ed. *The Cambridge Companion to Galen*, Cambridge & New York: Cambridge University Press, 2008, p. 54.

时，同一时期也见证了对亚里士多德生物学著作的兴趣的复兴，这绝不是巧合。"[1] 当然，近几十年的科学史研究已经表明，现代早期科学的发展史不是单纯的"重新重视观察和实验"，它还涉及更多方面以及世界图景的整体变革，但是，吉尔伯特的这一观察仍然是富有意义的，它提示我们把古典古代的自然志遗产看作一个整体，并考察这个整体在近代经受的碰撞、变形和接受史。

亚里士多德的动物著作和古典古代的医学文本是现代早期自然志家所能接触到的主要古代遗产。但是，近代自然志家所继承的主要是这些著作的内容，而非自动继承了其概念体系或观念预设。毋宁说，现代早期自然志家以新的精神重新改造了古代自然志遗产中的研究方法以及其中 μέθοδος / *methodus* 等术语的含义与功能——古典古代的 μέθοδος 都还指特定的研究次序或方式，和近代的分类学设想仍然相去甚远。

二　文艺复兴时期的 *methodus* 概念

（一）人文主义与 *methodus* 含义的转变

文艺复兴时期学者对"方法"的讨论是特别兴盛的。[2] 但是，在前文已述的希腊 μέθοδος 和近代的 *methodus* 之间，存在着一段中

---

① N. Gilbert, *Renaissance Concepts of Method*, pp. 5-6.

② *Renaissance Concepts of Method* 是讨论文艺复兴时期 *methodus* 概念的标准著作，分析了诸多文艺复兴时期作者对 *methodus* 的理解。而由于这方面的作者和文献十分繁多，本节自然无法进行细节性的探讨，只能给出概览式的介绍。

世纪的空白。一个乍看上去令人吃惊的事实是，中世纪的拉丁语文献并不对希腊语的 μέθοδος 以及拉丁语的 *methodus* 抱有特别的关注。其原因在于，中世纪的拉丁语哲学术语很大程度上来自于西塞罗的用语。而西塞罗有意识地改换希腊语的术语表达。例如，*methodus* 是拉丁语借入的希腊词，往往会被替换成拉丁语固有的 *via* 或 *ratio*。

自然，这不是没有例外的。波埃修在翻译亚里士多德的《论题篇》时，就曾经使用了 *methodus* 一词。但总的来说，这种做法在中世纪十分罕见。除了早期的波埃修之外，索尔兹伯里的约翰（John of Salisbury，1120—1180）也使用过 *methodon* 一词。这个词在索尔兹伯里的约翰那里，大致相当于拉丁语的 *compendium*，具有两种含义，首先是收集分散的事物，其次是节约或缩短时间。大阿尔伯特在注释《论题篇》时，也曾经认为 *methodus* 是同 *compendium* 相仿的"短的路径"（*brevis via*）。此外，大阿尔伯特对 *methodus* 还有另外一种理解。他认为技艺（*ars*）是一种对行为的矫正，科学是对思想的矫正，而 *methodus* 则是对这种矫正过程的"路径的演示"（*demonstratio viae*）。

在阿拉伯的哲学传统中，希腊的 μέθοδος 同样并不常见。在阿威罗伊注释的亚里士多德著作中并无希腊语 μέθοδος 的对应词。其原因可能在于 όδός 和 μέθοδος 之间的差别是很模糊的，故而 μέθοδος 并没有得到关注，也没有被专门地使用。[1]

---

[1] N. Gilbert, *Renaissance Concepts of Method*, pp. 58-60; W. A. Wallace, *Galileo's Logic of Discovery and Proof: The Background, Content, and the Use of His Appropriated Treatises on Aristotle's* Posterior Analytics, pp. 15-16.

到了近代，*methodus* 成为了一个专门的哲学术语。然而，文艺复兴初期的人文主义者一度并不喜欢 *methodus* 一词。这是因为早期的人文主义者反感非古典的和非西塞罗的拉丁词。这种情绪在意大利特别明显。而 *methodus* 正是一个不常见于古典拉丁语的希腊词源的词汇，被视为"野蛮的"（barbarous）。因此，早期人文主义者总是试图把出现 *methodus* 的地方改写成其他拉丁词。一些早期意大利人文主义者翻译的亚里士多德著作中，希腊的 μέθοδος 有时甚至可以对应于六个拉丁词。在当时熟悉希腊语的学者已经认识到了这一点。法国学者纪尧姆·比代（Guillaume Budé，1467—1540）曾经研究过 μέθοδος 拥有的含义，大致相当于上文中提到的若干中世纪理解。在 16 世纪，一些意大利哲学家渐渐接受了 *methodus* 一词。根据吉尔伯特的推测，这可能是通过盖伦著作的新译本或中世纪的盖伦著作译本而接受的。例如，吉罗拉莫·波罗（Girolamo Borro，1512—1592）甚至写过一本题为《逍遥学派关于教和学的方法》（*De peripatetica docendi atque addiscendi methodo*）的著作，他所继承的是 *methodus* 的"短的路径"或"捷径"的含义。

在文艺复兴思想中，把 *methodus* 理解为"捷径"特别流行，此时，它常常具有短小、便于记忆、便于学习等含义。这又与人文主义者对教育的改革有关。人文主义者不满意于中世纪的教学实践。中世纪的两种教学方法——讲座（*lectiones*）和诘辩（*disputationes*）受到了人文主义者的猛烈攻击。他们写作了很多讨论教学法的著作，其中使用了 *via*、*ratio*、*ordo*、*modus*、 *methodus* 等词来进行说明和论证。*Methodus* 的"捷径"含义也因此同人文主义的教学方法关联起来。人文主义者特别强调学习的速度，认为获得知识越快越好，常常反对在逻辑学上耽误太多时间。他们感到，传统的教学内容是缺乏组织的，因而在教学中强调方法（*methodus*）和秩序（*ordo*）。最为彻底的人文主义教育学改革，是耶稣会士 1586 年完成的"教学条理"（*Ratio studiorum*），这类教学规章在当时常常也被冠以 *methodus* 的名称。在人文主义者那里，*methodus* 渗透到逻辑学、语法、修辞、历史等多个学科。在这些学科的教科书中，*methodus* 常常和 *ars* 等同起来。

在这里，我们特别关注的是医学中 *methodus*。这不仅是因为近代自然志家常常是学习医学出身或自己就是医生，也是因为文艺复兴的医学关于方法问题有特别的讨论。医学院的学生传统上的思想来源是亚里士多德哲学和盖伦。而在文艺复兴时期，由于人文主义者的提倡，数学在教育中的地位有所提高，医学学生也同样熟悉了几何学的方法。在三种传统的汇合下，医学学生在方法论问题上有持久的争论。这些争论主要围绕着对盖伦《小艺》（*Ars parva*）开篇的几段展开。《小艺》是一部纲要，医学院的教师不断给这部纲要做注释。而《小艺》序言中有一段很含糊的话，对此引发了不同的评注和解释。这篇序言提到了三种 *ordo*——在讨论中，常常也被称为三种 *methodus*。学者们对此的解释常常是不同的。人文主义者同时也是自然志家的尼科洛·莱奥尼切诺（Niccolò Leoniceno，1428—1524）提出了一种很典型的理解，莱奥尼切诺认为，过去把这三种 *ordo* 解释为亚里士多德几种证明或柏拉图的几种辩证法的做法都是错误的，这三种 *ordo* 实际上是三种教学的手段，例如写成纲要（*compendium*）以方便记忆。[①] 这种对于教学、记忆、快捷、简单性的强调，都是文艺复兴时期对 *methodus* 理解的特点。而在自然志家那里，仍然能够不断见到这些特征。

（二）*Ordo* 与 *methodus*：扎巴列拉

除去医学领域内关于 *ordo / methodus* 的争论以外，帕多瓦学派的哲学家自 16 世纪前半叶也开始集中地对 *methodus* 进行了专门的讨论，其目的是澄清不同学科的认识论地位，以及为自己的哲学原理和研究程序辩护。哲学史家发现，这种研究的来源不仅仅是出于纯粹理论的动机，同时还涉及大学中各个学科的地位之争。[②]

在这种争论之中，最有影响的一部著作是扎巴列拉的《论方法》（*De methodis*）[③]，扎巴列拉的这部著作由四卷组成，最为清晰地表达了帕多瓦学派对于 *methodus* 的理解。《论方法》所要论战的对象是当时存在的人文主义倾向，这种倾向体现为忽视亚里士多

---

① 对此的介绍和讨论可见 D. Mugnai Carrara, "Una polemica umanistico-scolastica circa l'interpretazione delle tre dottrine ordinate di Galeno", *Annali dell'Istituto e Museo di Storia della Scienza di Firenze*, vol. 8, no. 1, 1983。

② Di Liscia *et al.*, *Method an Order in Renaissance Philosophy of Nature: The Aristotle Commentary Tradition*, pp. 183-209.

③ 现在有完善的拉丁—英对照本：J. Zabarella, *On Methods*, Volume I-II, edited and translated by J. P. McCaskey, Cambridge: Harvard University Press, 2013。

德逻辑学。而扎巴列拉要重新确定逻辑学及其方法的地位。

　　在这种论战中，扎巴列拉的第一个重要结论就是"方法"（*methodus*）有别于"秩序/次序"（*ordo*）。*Ordo* 也就是是我们之前已经提及的、在盖伦著作序言中引起争论的用语，扎巴列拉继承了把 *ordo* 看作教学方法的解释：

> 无疑，这便是盖伦在《医艺》（*Ars medicinalis*）所指的，他说道："有三种依赖 *ordo* 的教学。"谈到 *ordo* 时，他指的是有三种有次序的教授一切科学和技艺的方法……①

　　在扎巴列拉看来，*ordo* 只是一种展示，是把学科中各部分已知的知识以尽可能简单的方式展现出来或教授出去。然而，他认为最重要的是严格意义上的 *methodus*，这种 *methodus* 可以从已知的东西进而生产出未知东西的知识。用扎巴列拉自己的语言来叙述，*methodus* 这一概念的特征是这样的：

> 此外，否认这件事情的人，否认的是把方法当作方法，因为 μέθοδος 这个词本身，表示的就是从某物到另一物的路径，因此，每种方法必然有两端，一个是"从何而来"（*a quo*），一个是"向何而去"（*ad quem*），"向何而去"是不知道的，只有通过"从何而来"才能得知，由此我们获得了

---

① 　J. Zabarella, *On Methods*, Volume I, pp. 16, 17.

关于前者的知识。①

由此，*methodus* 和 *ordo* 在功能上有重要的分野：

> 我们只要对比 *methodus* 和 *ordo* 并考虑它们的功能，便不会对此有任何怀疑。因为 *ordo* 针对的是整个学科，而 *methodus* 针对的不是整个科学，而是单个的被追问的事物（*problemata*）本身。当我们无知于问题并追问它时，我们便要取来一些已知的东西，由此我们导向对所问事物的知识。相应地，我们在前面已经说过，*ordo* 不给我们产生未知东西的知识，而只是让我们能更好地、更简单地获得我们所追问的事物的知识；只有方法给我们产生知识。因而那些讨论逻辑学的人在谈及致知的工具（*de instrumentis cognoscendi*）时，便看起来只谈 *methodus*，并不谈 *ordo*。亚里士多德在进行逻辑技艺时，也只考虑 *methodus*，关于 *ordo* 则没有教授什么。②

显然，扎巴列拉在这里抬高 *methodus*，而贬抑 *ordo*。扎巴列拉反驳了柏拉图主义和盖伦主义者，因为这些学者将"教学的次序"（*ordo doctrinae*）抬升为 *methodus*，特别是，他们把"划分"

---

① J. Zabarella, *On Methods*, Volume II, pp. 6, 7.
② 同上书，第 8、9 页。

（*divisio*）和"定义"（*definitio*）这两种 *ordo* 当作是获知的手段。扎巴列拉认为真正的方法只有两种：合成（*compositio*）和分解（*resolutio*）。所谓"合成"，指的是从原因到结果，而"分解"是从结果到原因。

　　这里应当特别关注扎巴列拉对"划分"的观点，因为"划分"是近代自然志家在进行分类时进行的活动，"划分"一词在自然志家的著作中也常常提到。扎巴列拉论述"划分"是在《论方法》第三卷的第九章和第十章。扎巴列拉指出，"划分"不带来新的知识。扎巴列拉对把"划分"当作"方法"做了理论上的反驳。在把属用种差划分为种的过程中，种的数量或者是已知的，或者是未知的。然而，种的数量已知，这只是研究过种本身之后才得知的信息，这并不是划分产生的知识。何况，这种关于种的数量的知识也常常是不完善的。而如果有人认为，种的数量可以通过划分得知，那么这也会引起理论上的谬误。因为在划分中，只有三项东西：属、种、种差。如果通过划分得知种的数量，那么或者是从属得知种差，或者是从属得知种，或者是从种差得知种。而扎巴列拉随后分别排除了这三种可能。

　　在这里还要特别强调，扎巴列拉对"划分"不仅仅是反驳的态度。在第三卷第十章，他的主题是"论划分的用途"（*De utilitate divisionis*），其中对划分的实际用途又做了许多肯定。他写道：

　　　　在前面，我们充分地证明了，在划分中并没有获得知识的能力。现在，应当表明划分的用途是什么，以免有人怀疑我们把它拒斥为毫无用途的。①

亚里士多德也常常在著作中进行划分，例如，在《论天》中，亚里士多德首先把自然物分成简单的和复合的，随后开始论述简单物。扎巴列拉指出，这里划分起的是"摆列"（*dispositio*）的作用，然而在划分或进行摆列之后，亚里士多德开始使用真正的 *methodus*。此外，划分可以帮助人们"有秩序地"（*ordinate*）和"清楚地"（*distincte*）历数已知的各种事物。在最后，扎巴列拉甚至出现了一些松动：

> 如果在有些人看来划分并不真正能被称为 *ordo*，至少他不应该否认划分是 *ordo* 的某种臣仆（*minister*）。因为，尽管存在两种主要的逻辑工具——*ordo* 和 *methodus*——但逻辑学家所教的和哲学家所用的东西并不必然要么是 *methodus*，要么是 *ordo*……这种划分并不是 *ordo* 和 *methodus*，而是它们的臣仆。②

作为"*ordo* 和 *methodus* 的臣仆"的划分实际上介于 *ordo* 和 *methodus* 之间。扎巴列拉举出哲学家通过划分的方式澄清词语含

---

① J. Zabarella, *On Methods*, Volume II, pp. 64, 65.
② 同上书，第 68、69 页。

义的例子，以说明划分在某些时候可以起消除模糊的作用。这种微妙的态度似乎暗示了"划分"在文艺复兴时期是一种极其强有力的方法，即便扎巴列拉也难以完全拒斥。特别是可以对比一下"定义"在扎巴列拉那里的境遇——扎巴列拉并没有专门开辟一节来谈定义的正面用途或效用。

　　这里讨论扎巴列拉的 *methodus* 概念，并不是暗示近代自然志家的分类学工作是这一概念的继承或其反面。事实上，研究者难以找到扎巴列拉对近代自然志家的影响的证据。然而，扎巴列拉以一种帕多瓦式亚里士多德主义的立场，充分地展示了理论（对应于 *methodus*）和教学上的实用（对应于 *ordo*）这两种目的下知识生产的张力。尽管扎巴列拉并不是自然志家思想的直接源头，但确是近代自然志科学起源处的一个有代表性的地标。在扎巴列拉那里，*methodus* 高于 *ordo*（以及 *divisio*），然而在后世的自然志家那里，*divisio* 成为了 *methodus* 的重要组成部分，包括分类学活动在内的扎巴列拉意义上的 *ordo* 也成为了自然志科学中地位极高的一部分。这种颠倒是自然志科学发展的一条潜在的线索。

（三）*Historia naturalis* 与 *methodus*：培根

　　对于自然志史研究者来说，弗朗西斯·培根是一个很难绕过的人物。这不仅是因为培根的经验主义似乎支持着自然志事业，也是因为培根在自己的著作中特别讨论了"自然志"（natural history）这一概念。

　　哲学史家一般认为，培根 natural history 中的 history 并没有

时间的含义，主要意味着对自然现象的收集。在《学术的进展》
（*The Advancement of Learning*）一书中，培根提出把史志（history）
分为自然（natural）、人文（civil）、教会（ecclesiastical）和文
学（literary）四种。然而，尽管字面上培根的"自然志"和自然
志学科名称相同，但实际上培根的"自然志"所涵盖的要比通
常理解的"自然志"更加宽广。在自然志下，培根又分出生成
（Generations）的自然志、异生成（Pretergeneration）的自然志和技
艺（Arts）的自然志。所谓生成的自然志，指的是正常的自然，相
应地，异生成的自然志指的是特异的、错误和变异的自然。而技
艺的自然志常等同于机械或实验志。

至于自然志的地位，培根认为自然志是自然哲学的"原料"
（primary matter）。但是，在培根看来，作为"原料"的自然志又
不是无组织的。在《新工具》第二卷第十章，培根这样写道：

> 但自然志和实验志是如此纷纭繁杂，如果我们不按
> 适当的秩序对它加以整理再提到人们面前，它反而会淆乱
> 和分散理解力。因此，我们在第二步又必须按某种方法
> （method）和秩序（order）把事例制成表（table）和排列
> （arrangement），以使理解力能够处理它们。①

---

① F. 培根：《新工具》，许宝骙译，商务印书馆，1984 年，第 117 页。为了下
文的说明，译文有修改。

　　因此，培根的自然志内在地要求着"方法和秩序"，并不是无定形的纯粹材料，或者说，自然志所收集的是"方法化的经验"（methodized experience）①。然而，上述引文中仍有两个问题需要澄清——第一，"方法"和"秩序"是不是同一件事情；第二，这里的"方法"和"秩序"意味着什么，它们是从何而来的？

　　培根和扎巴列拉不同，在培根那里，*methodus* 是和教学法——也即扎巴列拉的 *ordo*——有关联的。然而，由于培根不同意同时代人文主义者在教学使用中的具体的 *ordo*，因而在培根的著作中，一般使用 *via* 或 *ratio* 来称呼那种 *ordo*。培根所谓的 *methodus* 保留了 *ordo* 的核心含义，但是，这种 *methodus* 和纯粹教学上的 *ordo* 仍然有一些不同：培根不是要仅仅用一种有秩序的方式陈列知识，他还要用 *methodus* 去发现知识。②

　　对于第二个问题，法国哲学史家米歇尔·马尔鄂博（Michel Malherbe）给出了一种富有启发性的解说，我们把他的解说简述如下。对于自然志的秩序的来源，传统上可以有两种回答：来自理解力本身，或者是事物自身的。然而，培根的解决方案是不同于这两者的。培根给出的是一种"分级"的自然志秩序——用马尔鄂博的话说，"秩序根据抽象的程度而变化"。最初收集材

---

　　①　M. Malherbe, "Bacon's Method of Science", in M. Peltonen ed. *The Cambridge Companion to Bacon*, Cambridge: Cambridge University Press, 1996.

　　②　P. Dear, "Method and the Study of Nature", in D. Garber and M. Ayers eds. *The Cambridge History of Seventeenth-Century Philosophy*, Vol. II, Cambridge: Cambridge University Press, p. 153.

料阶段的秩序是经验性的。这种秩序下的 history 是"叙事性的"
（narrative）。而在此基础上，可以有更高一阶的秩序，但是此时
的秩序已经不是感性事物的秩序了，而是"本性"（natures）或者
说性质的秩序。如果再高一阶，又可以从具体本性的秩序上升到
抽象本性的秩序，这样的秩序更加接近于揭示产生现象的原因。
真正的自然志的方法，就应当是这种一步步的操作。因此，自然
志的方法是归纳。①

　　然而，问题并不在完结。在上述培根的引文中，"方法"和
"秩序"是要把事物制成"表和排列"的。这应当如何理解呢？
培根的这种"事例的表和排列"实际上十分精细，有三种这样
的"表和排列"，分别是"本质和出现的表"（Table of Essence
and Presence）、"偏离或缺乏的表"（Table of Deviation, or of
Absence）和"程度或比较的表"（Table of Degrees or Comparison）。
培根曾用"热"举过一个例子。在"本质与存在的表"中，列举
的是和热相符的事例，例如"太阳光""液体被煮沸"等。在第二
个表中，培根列举不包含热的事物和过程，最好是可以同第一个
表中对应起来的事物。例如，第一个表中有"阳光"，那么第二个
表中便可以列上在培根时代被认为是冷的"月光"。最后，第三
个表列举有不同程度的热的例子。这样人们就可以理解热的终极
形式中不包括什么"本性"，从而从具体的物理学前进到抽象的

---

　　①　M. Malherbe, "Bacon's Method of Science", pp. 85-86.

物理学。①

　　培根的这种"方法化"的"自然志"，和自然志科学处于何种关系中呢？科学史家在追溯近代自然志的历史时，常常抱有一种典型的观点，认为近代的自然志科学和科学革命的关系在于自然志科学的"培根主义"，这种培根主义意味着自然志和自然哲学的二分，并赋予自然志以及观察、实验等方法以重要的地位。②这种理解至今仍然是有效的，在很多科学史著作中也或隐或显地得到了接受。然而，根据上面的论述，应当认为培根所说的"自然志"的内涵不仅仅限于"观察和实验"——列文曾十分公正地指出，如威廉·沃顿（William Wotton，1666—1713）那样仅仅把培根式自然志归结为"观察和实验"的话，这仍然是"非常模糊"的看法③。培根的"自然志"具有更为具体的内涵和操作方法，这种"自然志"实际上内嵌了一种用来推进知识的 *methodus*，而这种 *methodus* 表现为一种制表（tabulation）的技术。在这一点上可以说，培根的自然志和自然志家的自然志之间，存在一种同步性——和培根同时代的自然志家和培根一样，"发展了将信息形式

---

　　① 更详细的说明可见 L. Carlin, *The Empiricists: A Guide for the Perplexed*. London: Continuum, 2009, pp. 26-27；E. J. 戴克斯特豪斯：《世界图景的机械化》，张卜天译，商务印书馆，2015 年，第 561—562 页。培根这一用作范例的表格可见 F. Bacon, *The New Organon*, edited by L. Jardine and M. Silverthorne, Cambridge: Cambridge University Press, 2000, pp. 110-126。

　　② 如 J. 列文："博物学与科学革命的历史"，姜虹译，熊姣校，载江晓原、刘冰主编：《科学的畸变》，华东师范大学出版社，2012 年。这篇论文的原文发表于 60 年代，是科学史领域内最早明确探讨自然志科学与科学革命关系的论著之一。

　　③ 同上书，第 157 页。

化，并排列在印刷文本和图表中的新技术"[①]。这种联系真正体现了培根和自然志科学的关联。培根曾在《自然志和实验志的预备》（*Parasceve ad Historiam Naturalem et Experimentalem*）一书中，较为详细地论述了他对于 history 作用为何以及如何编纂 history 的看法，并开列了他写作"自然志"的工作计划。[②] 如果仅仅关注培根"自然志"工作计划的具体内容，科学史家只能遗憾地发现这一计划的影响并不大——正如戴克斯特豪斯所评述的那样，"他（培根）在 17 世纪的追随者还曾多次尝试执行这个计划，但只是完成了几个互不关联的片段"[③]。然而，培根设想中"自然志"的 *methodus* 在自然志科学史却是富有意义的。下面将看到，一大批自然志家同样是在 *methodus* 的名下并同样通过制作图表的方式来生产自然志知识。由此可以说，培根是自然志科学的重要思想背景之一。

---

① 　S. Müller-Wille, "History Redoubled: The Synthesis of Facts in Linnaean Natural History", in G. Engel *et al.* eds. *Philosophies of Technology: Francis Bacon and His Comtemporaries*, Leiden: Brill, 2008, pp. 517-518.

② 　F. Bacon, *The New Organon*, pp. 222-238.

③ 　E. J. 戴克斯特豪斯:《世界图景的机械化》，第 565 页。

第二章　文艺复兴时期自然志家的分类尝试

一　文艺复兴时期自然志家分类工作的技术前提

在评述近代自然志家的分类研究之前，首要需要对这种分类研究的前提做一简短的说明。如欧格尔维等人的研究所确证的那样，文艺复兴时期的自然志科学经历了巨大的变革。这种变革不仅仅体现在思想上，也发生于物质准备上。可以说，文艺复兴时期的自然志家进行分类工作时有三种技术前提：博物馆和植物园的建立、标本技术和绘图技术。

文艺复兴时期见证了收藏文化的兴起。在自然志科学中，这种收藏文化的巨大影响首先在于博物馆和植物园的建立。从意大利文艺复兴时期自然志家到林奈时代的自然志家，总是不断地在自己的著作中述及他们所访问的植物园或博物馆，由此可见这种影响的深远和重要。对这一主题进行开创性研究的，首推美国科学史家葆拉·芬德伦（Paula Findlen）①。

　　博物馆和植物园的兴起，在地理上主要位于医学教育传统兴盛的城市中。在时间上，博物馆和植物园的诞生始于 16 世纪。1545 年，威尼斯共和国便在帕多瓦建立了植物园，目的是"学者和其他先生大人可以在夏季随时来到植物园中，带着书本在树荫下休憩，富有学识地讨论植物，在散步时探讨植物的本性"②。此后，在欧洲各地纷纷建立起了植物园。最初，这种植物园主要集中于南欧的意大利，随后扩展到德国、荷兰、法国、英国、瑞典等国，在有强大医学院的城市中基本上都建有植物园。植物园中不仅栽培有各种药用植物，同时还有来自异域的珍奇植物。因此，植物园的功能超出了单纯的药用植物储备库。新的自然志科学在植物园中找到了发展的基地——大学中的医学教授常常在植物园中为学生演示植物的药用性质。此外，由于植物园中有丰富的植物作为研究材料，研究者也在植物园中对植物进行医学用途之外的专门研究，其中便包括了形态学和分类学的研究。

　　在 16 世纪下半叶，博物馆在欧洲蓬勃发展起来。除了大学的资助之外，地方政府和医生与自然志家个人也积极地参与到博物馆的创建中来。博物馆的收藏活动成为了推动自然志发展的重

---

① 特别是 P. Findlen, *Possessing Nature: Museums, Collecting, and Scientific Culture in Early Modern Italy*, University of California Press, 1994。

② 转引自 P. Findlen, "Sites of Anatomy, Botany, and Natural History", in K. Park and L. Daston eds. *The Cambridge History of Science, Vol. 3: Early Modern Science*, Cambridge: Cambridge University Press, 2006, p. 280。

要因素。这是因为与植物园相比博物馆可以收集范围更广的自然物，如动物标本、化石和各种珍奇事物。在文艺复兴时期涌现出很多狂热的收藏家。下文将要详细论述的乌利塞·阿尔德罗万迪便是其中的代表。他在意大利城市博洛尼亚建立了自己的博物馆，成为了当时最负盛名的自然物收藏家。以他的博物馆为研究场所，在阿尔德罗万迪的周围形成了一个专门的研究圈子，致力于收藏和整理各种自然物，同时对自然物进行研究和实验。1617 年，阿尔德罗万迪的博物馆还成为了第一个向公众开放的自然博物馆。

如果审视我们所关注的分类学史问题，便可以发现，分类学与植物园、博物馆始终保持着紧密的关联。除去阿尔德罗万迪的博物馆以外，切萨尔皮诺也正是在比萨大学的植物园进行教学时写作了他关于植物分类的最主要著作。这里可以指出，这种联系并不是偶然的。博物馆和植物园创造了一个专门为自然志科学提供材料的人工空间，在其中进行自然志工作都涉及对其中的自然物进行排列，这种空间上的摆列构成了分类学工作的一种基本经验。

在自然志家对自然物的研究中，动植物标本技术也同样重要。其中，植物标本的制作最为发达[①]。文艺复兴时期自然志家不仅仅依赖直接的野外观察，同时还将自然物移置到人工环境中保存下来。这种做法的动机有二：首先是方便重复观察，避免野外观察

---

①　相关论述可见 B. W. Ogilvie, *The Science of Describing: Natural History in Renaissance Europe*, pp. 165-174。

中记忆的疏漏；其次，是提供了一种相互交换信息的可能性，可在一个共同体内共享和交换自然物。文艺复兴时期自然志家发明了腊叶标本（*herbarium*）的技术，也即压制的干植物标本。腊叶标本技术的起源，至少可以追溯到 16 世纪中叶。在 16 世纪，腊叶标本的制作技术已经相当完善了：首先烘干从野外采集来的植物，之后用胶水或线绳将植物固定到纸板上，最后将压制好的植物标本叠放在一起，制成标本集。目前存世最早的腊叶标本是医学院的学生们在学习时使用的，也佐证了这种技术曾用于教学。今天的植物研究者也常常制作腊叶标本，这已成为了制作植物标本的规范技术之一。

　　与腊叶标本作用相仿的，还有绘画技术[①]。在古代关于自然志的著述中，已经可以看到动植物图像的出现，但在文艺复兴时期动植物绘画已经突破了单纯的艺术功能，而成为了一种进行科学研究的工具。随着绘图技术和印刷技术的发展，在关于各类生物——从鱼类到鸟类，从植物到昆虫——的自然志著作中，印刷出来的图像都十分常见。文艺复兴时期自然志中的图像的特点可以用标本化（specimenize）来概括——绘图越来越趋同于标本，作为图像主题的动植物常常被移出其自然环境，而置于空白的背景中，动植物的姿态也被调整为尽量多地展示特征，而非处于自然的蜷曲中。

　　[①]　最近关于自然志中图像的研究中，J. Neri 的 *The Insect and the Image: Visualizing Nature in Early Modern Europe, 1500—1700*（University of Minnesota Press, 2011）特别值得注意。

标本以及标本化的图像，也成为了构建分类学的一环。可重复检视并可交换的标本和图像，使得关于自然物的经验可以前所未有地得到复制和传播，同时，这些技术的广泛采用，也让自然志家关注的重心变成了自然物的外部形态特征，这一影响是十分深远的。我们将看到，对可见性的强调渗透于自然志研究从"方法"到"系统"的变迁过税。

二　切萨尔皮诺

（一）切萨尔皮诺的分类目的与设想

安德雷亚·切萨尔皮诺（Andrea Cesalpino，1519—1603）在生物学史上以第一位植物分类学家而闻名。一般认为，他提出了近代第一个植物分类系统。他最为重要的自然志著作是1583年发表的《论植物十六书》（*De plantis libri XVI*）。与此同时，他还长于逻辑学研究和亚里士多德主义哲学，著有哲学著作《逍遥学派问题五书》（*Quaestionum peripateticarum libri V*），被称为"文艺复兴时期植物学家中唯一真正的亚里士多德主义者"①。用欧格尔维的话来说，切萨尔皮诺的植物学工作应当被视为"亚里士多德哲

---

①　C. Kwa, *Styles of Knowing: A New Histsory of Science from Ancient Times to the Present*, pp. 180-181.

学和他长年关于植物的经验的交叉"[①]。

19 世纪的生物学史家已经指出,切萨尔皮诺的主要工作在于他对于植物学的"系统化"(systematization),或者说是对"系统植物学"(Systematic Botany)的开创[②],他们指出切萨尔皮诺超越了无系统的古代生物著作和用字母顺序排列的一些文艺复兴时期植物学著作。近年来,对于切萨尔皮诺的研究将他置于更宽广的领域之中来审视,如切萨尔皮诺是如何在文艺复兴时期的大学中从专门的医学植物学(medical botany)研究前进到植物分类的,研究跨度也从《论植物十六书》扩展到他的早期自然志活动[③]。从这些研究中,可以更细致地勾勒出切萨尔皮诺的分类思想的起源。可以明确地说,切萨尔皮诺明确地意识到了一种分类系统的必要。他如何表述这种必要性,将是这里要详细探讨的。

首先,我们先从切萨尔皮诺本人对于过去植物学的梳理开始。切萨尔皮诺的《论植物十六书》的开篇处,是他献给托斯卡纳大公弗朗切斯科一世·德·美第奇(Francesco I de' Medici,1541—1587)的一篇献词。这段文本交代了他植物学研究的动机和目的,

---

① B. W. Ogilvie, *The Science of Describing: Natural History in Renaissance Europe*, p. 223.

② 如 E. L. Greene, *Landmarks of Botanical History: A Study of Certain Epochs in the Development of the Science of Botany*. Part II, Stanford: Stanford University Press, 1983, p. 807 及以下。

③ C. Bellorini, *The World of Plants in Renaissance Tuscany: Medicine and Botany*, Routledge, 2016.

受到了自然志史家的重视①。切萨尔皮诺回顾了他所理解的植物学历史——植物学在古代就已经由希腊人建立，然而在中世纪，植物学有所衰落，直到近代才得以复兴。尽管如此，植物学仍然处于一种糟糕的境地，这是因为植物学的"无序"（*inordinatus*）——

> 除非它们可以按某种秩序（*in ordines*）排列起来，就像营房里的一支大军一样，被分配到所属的类别（*in suas classes*），否则只可能由杂乱波动的无序所支配着。我们看到植物中事情便是如此——在其中，大量的无序和纷乱让心智不宁，激发了无数无法摆脱的错误，也是无数纷争的来源；而如果不知道其属类（*genera*），对植物的描述再精确，也无法让人们准确地鉴定，这样的描述反倒会是误导性的；因为如果在属类上迷惑，那么一切都必定陷于迷惑。②

切萨尔皮诺用"营房中的大军"（*castrorum acies*）来形容他理想中的植物学知识。这里的 *castra* 是古罗马用作军事防御阵地而构建的建筑物或预留的地块，可以将其称之为"军营比

---

① 如近年的 B. W. Ogilvie, *The Science of Describing: Natural History in Renaissance Europe*, pp. 223-226；C. Bellorini, *The World of Plants in Renaissance Tuscany: Medicine and Botany*。

② A. Cesalpino, *De plantis libri XVI*, Florentiæ: Apud G. Marescottum, 1583, p. iv. 这一段有意译成分比较大的英译文，见 E. L. Greene, *Landmarks of Botanical History: A Study of Certain Epochs in the Development of the Science of Botany*. Part II, pp. 816-817。

喻"。这一比喻一方面是富有攻击性隐喻的，另一方面，值得注意的还有：古罗马的 *castra* 也有数种类别，有的是固定的常设营房（*castra stativa*），而有的仅仅是季节性的非常设营房，如夏季营房（*castra aestiva*）和冬季营房（*castra hiberna*），这留下了一种暗示，即切萨尔皮诺设想的分类可以不仅仅是一种临时性的、作为权宜之计的分门别类，还可以是一种固定的、常设的分类系统。在这段话中，值得我们特别注意的还有切萨尔皮诺将"秩序"和"无序"对立起来。"秩序"直接被等同于恰当的"属类"（*genera*）——切萨尔皮诺的"因为如果在属类上迷惑，那么一切都必定陷于迷惑"成为了"植物学中最有名的格言，切萨尔皮诺以后一切时代的著名系统学家的口号"[1]。切萨尔皮诺接着论断道：

> 全部科学就在于，收集相似物，区分不相似的事物（*Cum igitur scientia omnis in similium collectione & dissimilium distinctione consistit*），也就是根据自然所指示出的种差把它们分配到属（*genera*）和种（*species*）中，分成各类（*classes*）；这也就是我想要做的普遍的植物志（*universa plantarum historia*）。[2]

如果继续浏览《论植物十六书》，很容易发现，这里的"相

———————

　① E. L. Greene, *Landmarks of Botanical History: A Study of Certain Epochs in the Development of the Science of Botany*. Part II, p. 1019.

　② A. Cesalpino, *De plantis libri XVI*, p. iv.

似物"和"不相似物"是以很高频率出现在切萨尔皮诺文本中的词汇，这反应的是切萨尔皮诺的一个根本工作方法——围绕相似性对植物进行分类。这一方法，也是切萨尔皮诺自认为相比于此前的自然志家有所创新的。

如果这里暂停一下，审视一下切萨尔皮诺使用的术语，就会发现一个乍看上去有些惊人的事实：虽然切萨尔皮诺本人提出了一种植物分类的方案，但是他从未把他的分类计划称作"系统"（*systema*）或"方法"（*methodus*）等，尽管这个分类计划在后世植物学家的眼中，无疑就是一种现代观念里的"分类系统"。例如，林奈在《植物的纲》中，就用把切萨尔皮诺的分类视为一种 *methodus*："他把种子在花托中分布的数量定为他的方法的基础（*pro fundamento suae methodi*），因此他的方法（*Eius Methodus*）是单从花托演绎而来的（*sola a receptaculo deducta est*）。"[1]美国植物学家爱德华·李·格林（Edward Lee Greene，1843—1915）在他著名的植物学史著作《植物学史的地标》（*Landmarks of Botanical History*）中，引述了切萨尔皮诺给弗朗切斯科一世的献词，在意译时，他曾使用了"系统"（system）一词，然而在切萨尔皮诺的原文中，却无"系统"（*systema*）或任何含义相近的词。[2]对于其中的分类阶元，

①　C. Linnaeus, *Classes plantarum*. Lugduni Batavorum: C. Wishoff, 1738, p. 1.

②　格林将 "conatus sum id prestare in vniuersa plantarum historia" 译为 "and I now endeavor to introduce such system into the general history of plants"，也即把拉丁语中的代词 id 直接替换成了 system 这一不见于切萨尔皮诺文本的用语。见 A. Cesalpino, *De plantis libri XVI*, p. iv 和 E. L. Greene, *Landmarks of Botanical History: A Study of Certain Epochs in the Development of the Science of Botany*. Part II, p. 817。

切萨尔皮诺也只是泛泛地称为"植物的属"（*plantarum genera*）。虽然他自认为开创了一项别人未曾做过的事业，但是他对他本人的工作计划却无以名之。如果考虑到他从亚里士多德主义借来的概念工具极其丰富，这不能不说是令人诧异的。

要解释这个事实，便需要考察切萨尔皮诺的哲学立场，以及他在哲学上使用的术语。在《逍遥学派问题五书》中，不难发现，他极少使用 *methodus* 这一术语，而在《论植物十六书》中，则会更多使用 *ordo*（"秩序"）——这一点令人想起同为亚里士多德主义者的扎巴列拉的 *ordo* 和 *methodus* 之分。按照切萨尔皮诺的理解，*ordo* 总是和事物的"本体"（*substantia*）有一种微妙的关系。尽管"秩序不在本体中"（*ordo non est in substantia*），但同样，"秩序不在定义的部分中"（*ordo non est in partibus definitionis*），"秩序是从属于普遍的，是把一切事物向单一物而排序，而不是事物间彼此排序"（*ordo vniuersi est, vt omnia ad vnum quiddam, non vt inuicem ordinentur*）。① "秩序"之所以能得到设定，是因为它超越于现有的个别物这一维度的。换言之，切萨尔皮诺的"秩序"得以建立，是通过切割个别和偶然来进行的，更倚重本质而非偶性。事实上，按照切萨尔皮诺自己的陈述，他较之"古人"（*antiqui*）的革命之处，就在于将植物按照本质来排序。

切萨尔皮诺认为古代自然志著作的最大缺点在于缺乏组织。在他看来，泰奥弗拉斯托斯的工作是古代自然志中最接近正确思

---

① A. Cesalpino, *Quaestionum peripateticarum libri V*, Venice: Iuntas, 1593, p. xxiii.

路的，然而泰奥弗拉斯托斯草率地接受了旧的植物属类，没有能在哲学的基础上进一步进行考察和划分。迪奥斯科里德斯则按照植物的药用属性来排列植物，这是一种"不自然"的次序。而最为错误的做法是诸如一些较早期的文艺复兴自然志家那样，按照字母顺序来排列植物，这完全忽视了植物的本质及其相似性。[①] 在这里，与事物本质无关的纯粹记忆术，是受到切萨尔皮诺排斥的。此外，在切萨尔皮诺看来，一个理想的植物分类，不仅仅应当服务于已知的植物，也要为未知的植物留下空间。如果与同时代的自然志家对比，可以清晰地看到切萨尔皮诺的侧重——福克斯相信，可以按照与生活史有关的偶性来对植物进行分类，也可以利用偶性进行种差的描述，龙德莱等人同样倾向于这种做法，而切萨尔皮诺不满于这种做法。[②] 由此可以说，切萨尔皮诺的分类体系并不是为了便于教学而设计的，而是要进行一种"自然的"、涉及植物本质的分类。这里值得我们关注的是，切萨尔皮诺在拒斥依据"偶性"进行分类的同时，也同时拒斥了单纯为教学法方便、服务于记忆技巧的那种分类方法。而教学法和记忆术，在文艺复兴时期正是和 *methodus* 一词相联系的。从而，切萨尔皮诺不用 *methodus* 等词来描述自己的分类系统，就是一件顺理成章的事情了。

公允地讲，从切萨尔皮诺留下的文字看，切萨尔皮诺并不一

① 对此，比较典型的总结可见 B. W. Ogilvie, *The Science of Describing: Natural History in Renaissance Europe*, p. 223。

② I. Maclean, *Logic, Signs and Nature in the Renaissance: The Case of Learned Medicine*. Cambridge & New York: Cambridge University Press, 2001, pp. 142-143.

概否定分类可以帮助记忆。切萨尔皮诺认为，一种方便于记忆的植物分类是必要的。切萨尔皮诺曾经写过一封给主教阿方索·托尔纳波尼（Alfonso Tornabuoni，?—1557）的信，在信中，他陈述了自己进行植物分类的动机。他批评过去的植物学著作太过混乱，"但如果没有秩序，便只能得到一种相当混乱的志书（historia），很难或根本不可能将之付诸记忆（mandarla a memoria）"①。然而，真正便于记忆的东西是符合事物本质的。而从切萨尔皮诺的亚里士多德主义立场来推论，这种根据本质进行的分类，就是以生长和繁殖器官为分类标准。这里的论证可以重构如下：根据亚里士多德的灵魂学说，营养和繁殖、感觉、运动和理性是三种灵魂。而植物没有高级的感觉、运动和理性的灵魂，只会营养（生长）和繁殖。植物的大部分器官也对应着这两种灵魂功能。切萨尔皮诺认为，想要对植物进行分类，就要排除种种偶性，考察植物的本质，唯有本质能够区分出不同的事物。对应着植物灵魂两种功能的器官，也因此代表了本质。最终，切萨尔皮诺选择了植物的结实器官作为分类的标准。在切萨尔皮诺看来，结实器官远比根和枝干更加可靠，根据根和枝条分类，会得出异常的结果，最终只能依靠花和果实。然而，偶性也会影响花和果实的特征，例如颜色和气味，切萨尔皮诺把分类的标准归结为结实器官的三种特征——数量（*numerus*）、位置（*situs*）、形状（*figura*），用切萨尔皮诺本人的术语，这是三种真正的种差（*differentiae*）。至于植物

①　T. Caruel, *Illustratio in hortum siccum Andreae Caesalpini*. Florentiae: Typis Le Monnier, 1858, p. 1.

的其他器官，可以在分类时予以考虑，但只有这些器官服务于植物的繁殖时，才可作为参考。

切萨尔皮诺对结实器官的强调，是后世植物分类学发展的一大趋势。然而，在文艺复兴时期自然志家群体中，切萨尔皮诺却显得十分孤独。文艺复兴时期自然志家在自己的著作中排列植物时，大多是按照切萨尔皮诺的认为属于偶性的特征。用欧格尔维的话说，"文艺复兴时期自然志家在组织自己的植物志书时，并没不需要超出常识。从随后几个世纪的角度进行回顾，切萨尔皮诺领先于他的时代；而从他的同时代人的观点来看，他在想象着并不实际存在的问题"[1]。

（二）切萨尔皮诺《论植物十六书》中的分类方案

切萨尔皮诺的《论植物十六书》是一本冗长的大书，篇幅长达近 700 页，要还原他的分类图式，需要从各篇章中提取他设想的层级，这是颇为困难的。事实上，即便是现代早期的自然志家，对切萨尔皮诺也常常不能完全理解。例如，林奈在《植物学哲学》中回顾植物分类史，总结出切萨尔皮诺为植物划分了 15 个类群，但是他的分类图式极其散乱[2]：

---

[1]　B. W. Ogilvie, *The Science of Describing: Natural History in Renaissance Europe*, pp. 225-226.

[2]　C. Linnaeus, *Philosophia botanica*, p. 18.

树，胚在种子上部——第 1 类群

胚在种子基部——第 2 类群

草，具单个的种子——第 3 类群

浆果——第 4 类群

蒴果——第 5 类群

具成对的种子——第 6 类群

蒴果——第 7 类群

种子分三，须根（*triplici principio fibrosae*）——第 8 类群

球茎植物（*Bulbosae*）——第 9 类群

种子四——第 10 类群

种子多数，春黄菊类（*Anthemides*）——第 11 类群

菊苣类（*Cichoraceae*）或刺菊类（*Acanaceae*）——

第 12 类群

具共同花（*flos communis*）——第 13 类群

具蓇葖果——第 14 类群

花和果均缺。——第 15 类群

　　林奈用缩进来表示特征上的层级，但不难看出，林奈给出的图式看起来是颇为混乱的——如 *triplici principio fibrosae* 一语显得

费解①，而"种子多数"的植物似乎又缺乏分类原则。事实上，切萨尔皮诺的分类比林奈给出的图式更加周全，也更加有条理，其划分出来的类群也远超过 15 个。对切萨尔皮诺分类图式的重建，直到 20 世纪才有比较完善的结果。荷兰植物学家科尔奈利斯·布莱默康普（Cornelis Eliza Bertus Bremekamp，1888—1984）专门研究了切萨尔皮诺的著作，对切萨尔皮诺的分类方案进行了概览式的总结。他做出了两个图式，对理解切萨尔皮诺的文本极其有用，可以视为切萨尔皮诺《论植物十六书》中植物分类的大纲，更加贴近切萨尔皮诺的文本。布莱默康普首先编出了一份切萨尔皮诺植物分类的各类群的检索表，随后给出了各类群在今天植物分类学中的学名②——由于历史的继承关系，很多也是切萨尔皮诺使用的植物名称。我们把这两个表格合二为一，在括号中注出学

---

① 20 世纪的现代俄译本译为含混的"三重的须根的"（тройчатые мочковатые），见 К. Линней，*Философия ботаники*，перевод Н. Н. Забинковой, С. В. Сапожникова, под ред. М. Э. Кирпичникова, Москва: Наука, 1989, стр. 23；史蒂芬·弗雷尔（Stephen Freer）的现代英译本译为"有三重始端 须根"（with a triple beginning fibrous，空格为弗雷尔所加，为与下行"球茎"对齐），见 *Linnaeus's Philosophia botanica*, translated by S. Freer, Oxford University Press, 2006, p. 31。较早期译本的情况也并不更好，译者实际上也并无统一的理解。18 世纪的英译本略去了"三重"，径直译为"有须根的草本"（herbs having fibrous roots），见 *The Elements of Botany: Being a Translation of the Philosophia botanica, and Other Treatises of the Celebrated Linnœus, by Hugh Rose,* London: Cadell, 1775。18 世纪出版的法译本译为"三室（蒴果），并具须根"（à 3 loges & à racines fibreuses），见 *Philosophie botanique de Charles Linné*, traduite par Fr.-A. Quesné, Rouen: Leboucher le jeune, 1788, p. 24。1800 年出版的旧俄文译本索性没有翻译林奈对分类学史回顾的部分。

② C. E. B. Bremekamp, "A Re-examination of Cesalpino's Classification", *Acta Botanica Neerlandica*, vol. 1, no. 4, 1953, pp. 591-593.

名，对其中部分地方做了修正，对布莱默康普比较含糊的术语做了重新表述，对一些植物类群名称也做了订正：

　　1a. 木本植物

　　　2a. 果实只具有一粒种子

　　　　3a. 花（*flos*）上位

　　　　　4a. 有橡质的果皮——第 1 类群（栎属 *Quercus*、栗属 *Castanea*）

　　　　　4b. 有骨质的内果皮——第 2 类群（胡桃属 *Juglans*）

　　　　3b. 花下位——第 3 类群（李属 *Prunus*、肉豆蔻属 *Myristica*、棕榈科 Palmae、芭蕉属 *Musa*）

　　　2b. 果实具有多粒种子

　　　　5a. 无花或花上位——第 4 类群（榕属 *Ficus*、桑属 *Morus*、仙人掌属 *Opuntia*、接骨木属 *Sambucus*、常春藤属 *Hedera*、槲寄生属 *Viscum*、部分木犀科 Oleaceae、蔷薇属 *Rosa*、悬钩子属 *Rubus*）

　　　　5b. 花下位

　　　　　6a. 种子着生在果实基部——第 5 类群（葡萄属 *Vitis*、浆果鹃属 *Arbutus*、枣属 *Ziziphus*）

　　　　　6b. 种子着生在一个或多个纵向的胎座上

　　　　　　7a. 单胎座——第 6 类群（木本的豆科 Leguminosae）

　　　　　　7b. 二胎座——第 7 类群（杨柳科 Salicaceae、

杠柳属 *Periploca*）

7c. 三胎座——第 8 类群（黄杨属 *Buxus*、香桃木属 *Myrtus*）

7d. 四胎座——第 9 类群（马鞭草科 Verbenaceae）

7e. 多于四胎座

8a. 果实为球果——第 10 类群（松柏纲 Coniferae）

8b. 果实肉质——第 11 类群（梨属 *Pyrus*、柑橘属 *Citrus*、石榴属 *Punica*）

1b. 草本或半灌木植物

9a. 果实一室

10a. 果实内有一粒种子

11a. 果实无宿萼，不被花被包围——第 12 类群（缬草属 *Valeriana*、瑞香属 *Daphne*、素馨属 *Jasminum*）

11b. 果实具宿萼——第 13 类群（沙针属 *Osyris*、新缬草属 *Valerianella*）

11c. 果实被花被包围

12a. 胚根（*radicula*）自胚（*seminis cor*）分离向上，或从果实基部分离——第 14 类群（藜科 Chenopodiaceae、荨麻科 Urticaceae、大麻科 Cannabaceae）

12b. 胚根自胚向下——第 15 类群（禾本科

Gramineae）

　　另：具单节的着生花的枝条——第 15a 类群（莎草属 *Cyperus*、黑三棱属 *Sparganium*、香蒲属 *Typha*、灯心草属 *Juncus*）

10b. 果实具多粒种子

　　13a. 果实为浆果——第 16 类群（葫芦科 Cucurbitaceae、部分茄科 Solanaceae、部分百合科 Liliaceae、疆南星属 *Arum*）

　　13b. 果实为荚果——第 17 类群（草本豆科 Leguminosae）

　　　　α. 具卷须

　　　　β. 不具卷须

　　13c. 果实中央有胎座——第 18 类群（石竹科 Caryophyllaceae、报春花科 Primulaceae）

9b. 果实双室

　　14a. 果实为两颖果——第 19 类群（伞形科 Umbelliferae）

　　14b. 室内有一粒种子——第 20 类群（山靛属 *Mercurialis*、龙芽草属 *Agrimonia*、*Poterium* 属、茜草属 *Rubia*、拉拉藤属 *Galium*）

　　14c. 室内多多粒种子

　　　　15a. 果实开裂裂缝垂直于植物对称方向——第 21 类群（十字花科 Cruciferae）

15b. 果实开裂于植物对称方向——第 22 类群（玄参科 Scrophulariaceae、部分茄科 Solanaceae、车前属 *Plantago*、鹿蹄草属 *Pyrola*、眼子菜属 *Potamogeton*）

9c. 果实三室

16a. 果实为三颗果——第 23 类群（唐松草属 *Thalictrum*）

16b. 室内有一粒种子——第 24 类群（大戟科 Euphorbiaceae）

α. 具乳浆

β. 不具乳浆

16c. 室内有多粒种子

17a. 地下部分非球茎——第 25 类群（金丝桃属 *Hypericum*、风铃草属 *Campanula*）

17b. 地下部分为球茎——第 26 类群（百合目 Liliiflorae）

α. 花上位——（百合科 Liliaceae）

β. 花下位——（鸢尾科 Iridaceae、石蒜科 Amaryllidaceae）

另：无球根的"百合科 Liliaceae"——第 26a 类群（无球茎的百合目 Liliiflorae）

α. 花上位——（芦荟属 *Aloe*、百合属 *Lilium*）

β. 花下位——（鸢尾属 *Iris*、龙舌兰属 *Agave*、

兰科 Orchidaceae）

9d. 果实四室，或花被内有四果实

　　18a. 果实裂成四室

　　　　19a. 胚根伸向室顶部——第 27 类群（紫草科 Boraginaceae）

　　　　19b. 胚根伸向室基部——第 28 类群（唇形科 Labiatae）

　　18b. 花被内多于四果实

　　　　20a. 每个果实都自一朵花形成——第 29 类群（菊科 Compositae）

　　　　　　α. 所有花都为舌状花——（菊苣族 Cichorieae）

　　　　　　β. 花凋存——（蒿属 Artemisia）

　　　　　　γ. 边缘的花为舌状花——（春黄菊族 Anthemideae）

　　　　20b. 果实在一个花被内形成

　　　　　　21a. 果实内有一粒种子——第 30 类群（具单果的毛茛科 Ranunculaceae、泽泻属 Alisma、老鹳草属 Geranium、委陵菜属 Potentilla）

　　　　　　21b. 果实内有多粒种子——第 31 类群（具蓇葖果的毛茛科 Ranunculaceae、睡莲属 Nymphaea、酢浆草属 Oxalis、棉属 Gossypium）

9e. 无果实和种子——第 31 类群（隐花植物 Cryptogamae）

　　α. 有根和茎——（真蕨目 Filicales、木贼属 Equisetum、阴地蕨属 Botrychium、瓶尔小草属 Ophioglossum） β. 无根和茎——（苔纲 Hepaticae、藓纲 Musci、地衣植物 Lichenes、藻类植物 Algae（包含了浮萍属 Lemna、部分腔肠动物 Coelenterata）、真菌 Fungi）

其中，切萨尔皮诺的术语需要做一点注记。首先是切萨尔皮诺的"花"（*flos*）和今日植物形态学所说的"花"有所不同，切萨尔皮诺所说的"花"包括了一切围绕果实形成的部分（只有叶除外）[①]。用"心"（*cor*）来称呼胚也是切萨尔皮诺的特色。

（三）切萨尔皮诺植物分类的特点

切萨尔皮诺分类尝试，自然可以有许多细节可供讨论。这里只指出切萨尔皮诺分类的几个重要特点。

在上述图式中，首先最引人注意的，是切萨尔皮诺的类群都没有名称。在《论植物十六书》中，卷、章只有数字上的编号，而无文字题目。因此，不论是林奈还是布莱默康普的重构，都只能为切萨尔皮诺分类方案中的各个类群编号——随重构方式的不同，其编号也不一致。以后世分类学家的视角来看，切萨尔皮诺的这种做法是十分不寻常的。切萨尔皮诺似乎并没有想到如何让读者方便地称呼他划分出来的类群，读者因而缺乏指称上的便利。尽管切萨尔皮诺的著作卷帙浩繁，但是类群名称似乎是未成文的、不诉诸文字而期望读者能够默会的。

[①]　C. E. B. Bremekamp, "A Re-examination of Cesalpino's Classification", p. 588.

　　其次，切萨尔皮诺的分类方案和文本组织方式也有极大的差别。不论是林奈的解读，还是布莱默康普的重构，都基于植物特征的逐层划分。这种结构，可以以现代的方式表述为一种检索表，也就是布莱默康普所做的那样。然而，这种层级结构，却并未体现在切萨尔皮诺的文本组织中。切萨尔皮诺的《论植物十六书》并无层层嵌套的章节，而是将分类的结果线性地排列——一个16世纪的切萨尔皮诺的读者无法如上面的检索表那样，一览切萨尔皮诺分类的结构，他所能看到的只是布莱默康普的第1类群到第31类群的顺序排列，只有在细读文本时，才能逐渐理解分类所依据的特征和类群间的层级结构。切萨尔皮诺本人在《论植物十六书》的开端处，的确给出了一个"索引"（*Index*）[1]，然而这个索引的标题是"植物名称的最全索引"（*Index locupletissimus plantarum nominum*），是按照植物名称来排列的，排列的原则是首字母顺序。这个索引的目的，是让知道植物名称的读者迅速找到这种（或这类）植物在书中的位置，而不是让读者能够看到切萨尔皮诺的分类方案。与之相比，如果对照现代分类学著作，会发现极大的差别。林奈以来的分类学，一直到今日的分类学著作，其著作结构是高度透明的——读者只需要翻检著作的目录，就可以看到分类学家的分类系统都有划分了什么样的类群，这些类群之下又是如何划分子类群。这样的目录结构，已成为现代分类学的得以良好地组织文本的技术之一，是任何一个受过基本训练的分类学

---

[1]　A. Cesalpino, *De plantis libri XVI*, pp. 11-38.

家都默认并习以为常的不成文规则。然而，在切萨尔皮诺那里，却看不到这种文本组织结构。

第三，如果说切萨尔皮诺的分类方案是"检索表式"的，那么，也并不是每一个检索表中的分支条件都导致一个有意义的新类群的建立，或者说这种类群可否认定为有意义的单位，是含糊而可做多种解释的。这里可以举出一个例子。在林奈的图式中，第 3 类群是草本的、果实只具一粒种子（*solitariis seminibus*）的植物，而在布莱默康普重构的分类方案中，这并没有作为一个类群给予编号。这种情况，自然是由于切萨尔皮诺分类层级的无定形、又不为分类单位定名的原因造成的。可以很容易地看到，由于解释者的不同，切萨尔皮诺的分类系统可以得到多种解读，因而也就可以还原出多个"属于切萨尔皮诺的"分类方案——正如林奈和布莱默康普的歧异那样。

第四，切萨尔皮诺的"检索表"中，分支条件的深度是不固定的。布莱默康普的重构方案可以很清楚地看到这一点。例如，第 4 类群就是通过三层特征得到的：木本植物——果实具有多粒种子——无花或花上位。然而，有些类群却需要多层次的特征才能得到。例如，第 30 类群：草本或半灌木植物——果实四室，或花被内有四果实——花被内多于四果实——果实在一个花被内形成——果实内有一粒种子，也即共需要进入五层特征判断。切萨尔皮诺分类方案的这一特点，实际上阻断了对分类阶元的固定化，也即不能像今天的分类学那样，划分出界、门、纲、目、科、属、种这样的阶元。切萨尔皮诺和在他之前的民间分类学

（folktaxonomy）一样，只有模糊的"类"的观念，"类"之下的子类群仍然是同样模糊的"类"，而不是有固定结构的成熟分类阶元系统①。

第五，切萨尔皮诺的"检索表"，并不是今天植物分类学家所习惯的二歧检索表。现代分类学著作中，不论检索表是等距检索表，还是平行检索表，其根本原则都是一致的——在检索的每一步，都取生物的一对关键性状作为划分依据，采用对比的方式分为对应的两个分支，引导检索表的读者走向下一步检索，或者直接检得类群或种。然而，在切萨尔皮诺这里，可以清晰地看到，他容许特征的多歧划分。例如，在布莱默康普标号为 7 的检索表头，可以看到实际上有 5 个分支：7a. 单胎座；7b. 二胎座；7c. 三胎座；7d. 四胎座；7e. 多于四胎座。

最后，切萨尔皮诺的确严格地按照自己所选定的种差来进行分类。然而，这些结实器官的性状和特征，却多依赖于解剖和长期的观察。比如，果实内部的结构需要读者剖开果实，判断植物是否具宿萼也需要选择合适的生活史观察窗口。因此，切萨尔皮诺的著作更适合于理论性的植物学研究之用，而不适合起今天田野手册的作用。

如果回顾亚里士多德的动物学研究，那么切萨尔皮诺分类方案的这些特点便可以得到理解。切萨尔皮诺的《论植物十六书》

---

① 在修订的布莱默康普重构方案中，括号里的各类群都是现代植物分类学中的学名和对应类群，其"属""科"等阶元标记都是现代的，并非切萨尔皮诺本人确定的。

的文本结构与其说更像后世的植物志，不如说更像亚里士多德的
《动物志》，都是卷（*liber*）下有若干短小的章（*caput*）。同时，
切萨尔皮诺的书中，也和亚里士多德著作一样，并无任何绘图和
图表，而绘图本来是文艺复兴时期的众多自然志著作很常见的。
最为重要的是，切萨尔皮诺的分类方式，更像是亚里士多德著作
中的划分（διαίρεσις），是一步步地通过限定种差，得到事物的定
义。切萨尔皮诺对于"秩序"有很多空间上的想象，例如兵营隐
喻——这个隐喻仍然贯穿在林奈等人的著作中，切萨尔皮诺也确
乎提出了一种分类的理想。然而，限于切萨尔皮诺本人的亚里士
多德主义，他并没有把他的分类呈现为空间中并置的图表，仍然采
取了保守的逍遥学派的论说方式。可以说，切萨尔皮诺拥有一个分
类学的设想，然而其实现却被束缚于文艺复兴时期亚里士多德主义
的形式之中，从而晦暗模糊。近代分类学的关键一步，还需要一种
从内在原则向外在排列、从时间上的顺序言说到空间中的并列摆列
的解放。这种解放是文艺复兴时期另一种思想资源所提供的。

三　亚当·扎卢然斯基

（一）扎卢然斯基在植物分类学史中的地位

　　波希米亚的植物学家扎鲁然尼的亚当·扎卢然斯基（Adam
Zalužanský ze Zalužan，约 1555—1613）在切萨尔皮诺出版《论植
物十六书》之后不久，于 1592 年在布拉格出版了《草木学方法三

书》(*Methodi herbariae libri tres*)。扎卢然斯基是一位神职人员的儿子，后来在维滕堡和布拉格的查理大学求学，1581 年获得学士学位，1584 年获得硕士学位，又于 1587 年在今德国下萨克森州的黑尔姆施泰德（Helmstedt）获得医学博士的称号。随后，他在查理大学讲授希腊古典学，一度被选为哲学系的系主任，1593 年又成为查理大学的校长。但是次年他结婚后，又离任，后在布拉格行医，直到在一次瘟疫中去世。①

　　扎卢然斯基并不是一位声名显赫的自然志家，后世的自然志家对他的名字实际上已经有些陌生了。约翰·雷从事自然志工作后很晚才看到扎卢然斯基的书。约翰·雷在 1686 年 8 月 24 日给英国自然志家汉斯·斯隆（Hans Sloane，1660—1753）写信，提到他收到了斯隆寄来的一本《扎卢佐尼的草木学方法》(*Zaluzonius Methodus Herbaria*)，而他"还没有时间去翻看"，显得并不在意。在 18 世纪，林奈最早的传记作家迪特里希·亨利希·施特弗尔（Dietrich Heinrich Stöver，1767—1822）甚至在他写的《林奈骑士传》(*Leben des Ritters Carl von Linné*)中把扎卢然斯基的名字错拼成"亚当·扎尔吉亚维斯基"(Adam Zalziawisky)，并认为是"一位波兰学者"(ein polnischer Gelehrter)②。如果考虑到林奈本人的著

───────────

　　①　V. Eisnerová, "Zalužanský ze Zalužan, Adam", in C. C. Gillispie ed. *Dictionary of Scientific Biography*, Vol. 14, New York: Charles Scribner's Sons, 1981.

　　②　D. H. Stöver, *Leben des Ritters Carl von Linné nebst den biographischen Merkwürdigkeiten seines Sohnes Carl von Linné und einem vollständigen Verzeichnisse seiner Schriften, deren Ausgaben, Übersetzungen, Auszüge und Commentare*, Hamburg: B. G. Hoffmann, 1792, p. 231.

作中曾提到过扎卢然斯基 [①]，而施特弗尔写作和出版林奈的传记，距离林奈去世不过十数年，那么这种张冠李戴只能说明扎卢然斯基对 18 世纪的学者已经缺乏影响，或者 18 世纪的学者缺乏可靠的文本来源来对扎卢然斯基的事迹进行确证。

在生物学史中，对扎卢然斯基贡献的评定主要集中在三个方面。首先，扎卢然斯基被刻画为一个将植物学从医学中独立出来的改革家 [②]。此外，扎卢然斯基对植物的性的研究，也是19世纪起历史学家研究的对象 [③]。最后，是扎卢然斯基尝试对植物提出一种分类方案。然而，对于扎卢然斯基植物分类的研究，在规模和深度上则远逊于对于他关于植物性别的研究。很典型的一个例子是，19 世纪德国植物学家尤利乌斯·冯·萨克斯（Julius von Sachs，1832—1897）的巨著《15 世纪至 1860 年的植物学史》（*Geschichte der Botanik vom 16. Jahrhundert bis 1860*）中，对于扎卢然斯基的植物分类尝试只字未提。这和 19 世纪后半叶植物学家研究领域和

①　如见 C. Linnaeus, *Bibliotheca botanica*, Amstelodam: Apud Salomonem Schouten, 1736, p. 126。

②　M. B. Hall, *The Scientific Renaissance, 1450—1630,* New York: Harper & Brothers, pp. 64-65.

③　特别可参见 L. Čelakovský, "Adam Zalužanský ze Zalužan ve svém pom ě ru k náuce o pohlaví rostlin", *Osvěta*, vol. 6, no. 1, 1876; H. Funk, "Adam Zalužanský's *De sexu plantarum* (1592): An Early Pioneering Chapter on Plant Sexuality", *Archives of Natural History*, vol. 40, no. 2, 2013。最近的一项研究见 L. Taiz and L. Taiz, L, *Flora Unveiled: The Discovery and Denial of Sex in Plants*, Oxford University Press, 2016, pp. 316-317, 对扎卢然斯基是否真的普遍地意识到植物的性别提出了质疑，认为扎卢然斯基与其说是现代植物学的先驱，不如说是"最后一位经院植物学家"（the last of the scholastic botanists）。

兴趣的迁移有关——萨克斯作为一名植物生理学家，更加关心和
扎卢然斯基相关的植物生理学问题而非分类学问题[①]。捷克学者文
岑茨·迈伊瓦尔德（Vinzenz Maiwald，1862—1951）所写的《波
希米亚植物学史》(*Geschichte der Botanik in Böhmen*) 一书则介绍
了扎卢然斯基《草木学方法三书》的结构，然而，在他那里，扎
卢然斯基仍然是一位较为边缘的植物学家，扎卢然斯基的分类学
尝试没有得到细致的讨论[②]。英国植物学家阿格奈斯·阿尔伯尔
（Agnes R. Arber，1879—1960）在她的《本草志的起源和演变》
(*Herbals, their origin and evolution*) 一书中，将扎卢然斯基的分类
工作放置于切萨尔皮诺—博安（Gasper Bauhin，1560—1644）—
达雷尚（Jacques Daléchamps，1513—1588）—德罗贝尔（Matthias
de l'Obel，1538—1616）这一演进链条的末端。然而，她认为扎
卢然斯基这个晚出的分类系统反倒是"不够令人满意"的，和德
罗贝尔与博安的分类方案比是一种倒退[③]，因此她很快跳过了扎
卢然斯基的分类工作，只做了一段十分简短的评论。近年的学术文
献中对扎卢然斯基的分类学尝试所有评述的，主要当数欧格尔维，
他强调了扎卢然斯基的二分法构造的分类图示更像是检索表，同
时扎卢然斯基在选择种差（*differentiae*）时并未给出哲学上的理

①　J. von Sachs, *History of botany (1530—1860)*, translated by H. E. F. Garnsey
and I. B. Balfour, Oxford: The Clarendon Press, 1890, pp. 380-381.

②　V. Maiwald, *Geschichte der Botanik in Böhmen*, Wien: C. Fromme, 1904, pp.
30-33.

③　A. R. Arber, *Herbals, Their Origin and Evolution, a Chapter in the History of
Botany, 1470—1670*, Cambridge University Press, 1912, p. 151.

由[①]。欧格尔维的这两点观察是独到而富有启发性的。捷克科学
史家露琪埃·切尔玛科娃（Lucie Čermáková）和扬·扬科（Jan
Janko）对扎卢然斯基有过一些一般性的介绍，但文中对其分类学
工作的介绍比较含混[②]。我们将在欧格尔维工作的基础上审视扎卢
然斯基的贡献。

　　在接近扎卢然斯基的分类学尝试之前，首先需要对扎卢然斯
基在分类学史上的地位做一简短的讨论。这样的讨论之所以有必
要，是因为对扎卢然斯基的评价分化很大。斯洛伐克作家、泛斯
拉夫主义者扬·科拉尔（Ján Kollár，1793—1852）曾在自己诗
歌中曾赞誉扎卢然斯基为"林奈系统的祖父"（d ě d ten Linnéovy
soustavy）[③]。然而，这与其说是来自学术角度的论断，不如说是民
族主义情绪的溢美之词。在植物学界，瑞士大植物学家德堪多以
稍弱的语调将扎卢然斯基评价为"在那个时代一部相当好的分类
著作的作者"[④]。与之相对的，是阿尔伯尔式的贬低，认为扎卢然
斯基在文艺复兴时期的各种植物分类学工作中，只是一个无足轻
重的复述者，不足以充当文艺复兴时期植物分类学的代表。然而，
我们要指出，阿尔伯尔的科学史工作具有极强的辉格史特征，这

　　① B. W. Ogilvie, *The Science of Describing: Natural History in Renaissance Europe*, pp. 226-228; .
　　② L. Čermáková and J. Janko, "Od medicíny k botanice: Milník Zalužanský", *Dejiny ved a techniky*, vol. 48, no. 1, 2015.
　　③ J. Kollár, *Spisy Jana Kollára*, Díl 1, Praha: I. L. Kober, 1862, p. 233.
　　④ A. P. de Candolle, *Introduction a l'étude de la botanique ou Traité élémentaire*, Bruxelles: Meline, Cans et compagnie, 1837, p. 419.

妨碍了她恰如其分地评价扎卢然斯基的贡献。具体来说，她的辉格史写作体现在两个方面。首先，她评价文艺复兴时期植物学知识的标准，是看自然志家所谈及的植物类群是否足够接近后世所说的"自然系统"（natural system），而不关注文艺复兴时期的特有动机和概念准备。其次，阿尔伯尔默认了这些文艺复兴时期的植物学家像 18 世纪以后的植物学家那样有分类学的筹划，本来达雷尚、德罗贝尔等人并没有提出某种明确的植物分类，而她根据这些著作的章节安排等，从这些学者的著作中强行提取出来一套"分类系统"。阿尔伯尔本人也承认："德罗贝尔的图式，并没有以在较为近代的分类系统中所习惯的那种清晰的方式表达出来，这是因为，他和他那个时代的其他植物学家一样，并没有给我们今天称之为'目'（orders）的那些类群定以名称，也没有在各类群之间做出明确的区分。"[1] 如果一种"分类系统"既没有给分类单元定名，又没有考虑各分类单元之间的区分等问题，那么是否应当称其为"分类系统"是很可怀疑的，至少预先假定德罗贝尔拥有一个完整的分类学计划，是有些牵强曲折的。阿尔伯尔的这种观点，在近代植物学家身上时常或隐或显地表现出来。例如，林奈认为扎卢然斯基在分类学中是"唯叶派"（*phyllophili*）的一员，"根据叶的相似性来构造方法"（*a foliorum similitudine methodum fecere*）[2]。这样的追述给人一个错觉，似乎在扎卢然斯基的同时代，

[1] A. R. Arber, *Herbals, Their Origin and Evolution, a Chapter in the History of Botany, 1470—1670*, p. 146.

[2] C. Linnaeus, *Bibliotheca botanica*, p. 126.

存在着根据何种特征来对植物进行分类的争论，而扎卢然斯基选择了叶的特征。但是实际上，在扎卢然斯基所处的文艺复兴时期，分类并非是自然志家最为关心的核心问题[①]，如果更加恰如其分地加以评价，应当说扎卢然斯基是那个时代着力于植物分类的孤独的先行者。由于缺少分类学同行，此时的扎卢然斯基还没有意识到后世分类学中的若干理论问题。

（二）扎卢然斯基对 *methodus* 的理解

我们将从术语和概念的角度出发，逐步阐释扎卢然斯基的植物分类观点。在文艺复兴时期关于分类的自然志著作中，扎卢然斯基首次将 *methodus* 应用到书名里。把 *methodus* 用于植物学并非扎卢然斯基的首创，但是之前的种种应用一般同分类无关。在扎卢然斯基之前，1540 年，一位名叫卡罗卢斯·费古卢斯（Carolus Figulus）的学者在科隆出版了《谈植物方法的对话，或草木方法》（*Dialogus qui inscribitur botanomethodus, sive herbarum methodus*）一书。这是第一次把 *methodus* 用于自然志有关著作的标题。这本书如其题目所写的那样，是一本对话体的小书，对话发生在费古卢斯本人和一位名叫济塔尔杜斯（Zyttardus）的人之间。费古卢斯所用的"方法"一词是典型的文艺复兴时期的用法，强调可以简易、短小的方式帮助读者了解植物，如他在扉页上所题写的：

---

① B. W. Ogilvie, *The Science of Describing: Natural History in Renaissance Europe*, pp. 215-229.

请看，我们给你一种方法，借此读者可以更具学识地走
向花园、田野和森林。

为此，这个方法将简短地教授如何理解你寻找的草木。①

然而，费古卢斯的《谈植物方法的对话》和植物分类并无
直接的关系。这本书带有很强的从语文学中脱胎而出的印记——
对话中的济塔尔杜斯是一位富有的医生，而费古卢斯则自称是一
名"贫穷的文法学家"（*pauper grammaticus*），然而文法学家"并
不缺乏万物的知识"（*at non carent rerum scientia*）②。对话录里频频
引用古希腊语，讲解植物的定义、在研究植物时需要注意的各种
种差（*differentiae*）、评论泰奥弗拉斯托斯等古代自然志家、讨
论描述植物的术语。但是，费古卢斯并未专门地涉及植物分类问
题。从接受史来看，费古卢斯的这本对话录在植物学家那里也一
直未受重视。至少林奈的《植物学书录》（*Bibliotheca botanica*）中
并未提到费古卢斯和他的这本小书，18—19 世纪的众多植物学史
家似乎也不了解这本书的存在。目前能够确认的是，英国植物学
家约瑟夫·班克斯（Joseph Banks，1743—1820）的藏书目录中有

---

① 　C. Figulus, *Dialogus qui inscribitur botano methodus, sive herbarum methodus*,
Coloniae: Apud Iohannem Schoenstenium, 1450, p. i: "Vendimus ecce tibi methodun, qua
lector in hortos, campos & sylvas doctior ire queas. / Haec etenim methodus facili breuitate
docebit, ut quaerenda siet quaelibet herba tibi."

② 　同上书，第 2 页。

费古卢斯的这本书[①]，然而这也只是班克斯众多藏书中的一本，没有证据表明班克斯曾经特别阅读过它，或受过这本书的影响。在科学史研究中，费古卢斯的生平和工作也几乎没有得到什么研究。唯一的例外是切尔玛科娃在她的博士论文《文艺复兴时期认知和描述自然中感性知觉的作用》（*Úloha smyslového vnímání při poznávání a popisu přírody v renesanci*）中曾经讨论过费古卢斯[②]。总的来看，在自然志家和科学史家那里，费古卢斯都是一个湮没无闻、缺乏重要性的角色。他的《谈植物方法的对话》在科学史上并无影响，在我们关注的 *methodus* 术语问题上，费古卢斯及其著作只是一段偶然的插曲。真正为人所知、造成自然志科学史上影响的，还当数扎卢然斯基。

　　扎卢然斯基对 *methodus* 抱着一种实用主义的理解。扎卢然斯基同样追求"秩序"（*ordo*）——《草木学方法》序言的标题里，扎卢然斯基就宣告自己的著作是"把草木学编入秩序"（*herbariae in ordinem digestae*）。然而，扎卢然斯基的 *ordo* 同切萨尔皮诺不同，他无意追求从亚里士多德的灵魂学说中获得分类的理论根据。扎卢然斯基写作《草木学方法》，有明确的教学目的。这一特点在术语上的反映，扎卢然斯基不仅在标题中，也在他的文中更加强调且更频繁地使用 *methodus* 一词。在序言中，扎卢然斯基一开始

　　① J. Dryander, *Catalogus bibliothecae historico-naturalis Josephi Banks*, Tomus V, London: Typis Gul. Bulmer et Soc., 1800, p. 234.

　　② L. Čermáková, *Úloha smyslového vnímání při poznávání a popisu přírody v renesanci*, Diss. Univerzita Karlova, 2013, pp. 53-62.

便抬出了大写的"医学方法"（*Methodus Medicinae*），把这种"医学方法"同技艺（*ars*）和秩序（*ordo*）联系在一起[1]。在扎卢然斯基看来 *Methodus* 是结束知识中混乱的工具。这样的 *methodus*，按照扎卢然斯基的理解，是同某种分类或划分联系在一起的。他在序言中这样谈到 *methodus* 的含义：

> 因为"方法"就是将属（*genus*），或某种一般的概念（*notio*）分延（*diductio*）到最近的种（*species*），并把种本身再以同样的方式进行分延，直到最终遇到某种分配（*distributio*）的极限。[2]

扎卢然斯基的术语值得我们注意。这里的拉丁词 *diductio* 并不是"演绎"（*deductio*）的异体拼法，而是动词 *diduco* 的动名词。动词 *diduco* 是由前缀 *dis-*（表示分离，词源上和数词"二"*duo* 有关）和动词 *duco*（引领、拉、拽）构成的，含义是向各个方向分离、扩张。这里译为"分延"。"属"（*genus, genera*）一词也尚不是近代分类学中分类阶元含义，而是一个逻辑上的概念，可以适用于任何进行分析的事物。在扎卢然斯基的后文里，它不仅仅

---

　　① A. Zalužanský, *Methodi herbariae libri tres*. Pragae: Georgij Dacziceni, 1592, p. i: "Incumbenti mihi ad Methodum Medicinae, quod artem ordinem esse ..."

　　② 同上书, p. iii: "Nam ... Methodus est generis, seu notionis alicuius communis in species proximas diductio, & specierum ipsarum deinceps eodem modo, donec extremum aliquid in termino distributionis occurrerit."

用于植物的分类，还用于植物的器官，如第一卷第二十六章"种子的属"（*seminum genera*）、第一卷第二十七章"论果实及其部分和属"（*de fructu, partes, & genera eius*）[①]等。可见扎卢然斯基把这种"分延"的方法普遍地、反复地运用到植物学的各个层面。这一句引文可以说是扎卢然斯基分类思想的纲领。

扎卢然斯基《草木学方法》一书的结构分为三卷，然而这三卷的篇幅并不平等。第一卷的题目为"论植物的原因学"（*De aetiologia plantarum*），共有 87 页，内容分为 33 章。"原因学"（*aetiologia*）是后世自然志中极少见到的一个术语，词源上希腊语的 αιτιολογία，也即对原因（αιτία）的陈说（λόγος）之意。在扎卢然斯基这里，这一卷大致相当于今天的植物形态学和植物生理学，同时还包括了一些对植物和疾病关系的解释。扎卢然斯基对植物性别的论述，也构成了这一卷的一章。第二卷的题目是"论植物志"（*De historia plantarum*），计 136 页，编号到 21 章。这一卷是扎卢然斯基对植物进行分类的部分。而第三卷"论对它（"草木学"即植物学）的练习"（*De exercitio eius*），这一卷仅有 10 页，并未分章，这是整部书最短的一部分，内容是扎卢然斯基对学习植物知识的一些建议。

第二卷是全书篇幅最大的一部分，也是我们所关心的。和切萨尔皮诺不同，扎卢然斯基的著作在分类问题上有一种透明性，这表现在著作的结构上——第二卷的分章即显示出了扎卢然斯基

---

① 　A. Zalužanský, *Methodi herbariae libri tres*, pp. 65-66.

的分类方案，这种分类方案是现成地呈现出来的，而非切萨尔皮诺—亚里士多德式的那种尚需要还原或重构的结构。《草木学方法》第二卷的这些章节对研究者来说，起着纲目的作用。迈伊瓦尔德对扎卢然斯基的这些章节有十分简略的解说[①]，但是并不总是确切的。现把第二卷的各章的标题严格地翻译如下：

第 1 章 "志" 的定义（*Definitio historiae*）

第 2 章 论真菌（*De fungis*）

第 3 章 论苔藓（*De muscis*）

第 4 章 箭叶草类志，及其各属（*Arundinaceorum Historia, & genera*）

第 5 章 圆叶草类和豆的分类（*Digestio graminis rotundifolii et legumninis*）

第 6 章 论阿魏类（*De ferulaceis*）

第 7 章 菊苣类、蓝盆花类与飞廉类各属（*Intubi, scabiosae, & cardui genera*）

第 8 章 论长生草类（*De sempervivo, sive Aizoo*）

第 9 章 论金丝桃类，与亚麻类各属（*De Hyperico, & lini genera*）

第 10 章 论大戟类（*De tithymalo*）

第 11 章 论车前类，与同属的多纤维植物（*De plantagine, & congeneribus nervosis plantis*）

---

① V. Maiwald, *Geschichte der Botanik in Böhmen*, pp. 31-32.

第 10 章[1] 论鼠草类，或被绒毛的植物，与疏毛植物（*De gnphalijs seu tomentosis plantis, & pilosellis*）

第 11 章[2] 论薄荷类及其各属（*De mentha & generibus ejus*）

第 12 章 论毒莴苣类，与类似的植物（*De chrysolachano & consimilibus plantis*）

第 13 章 论罂粟类及其各属（*De papavere & generibus eius*）

第 14 章 论蛙形植物（*De ranaceis plantis*）

第 15 章 论锦葵类各属（*De malvae generibus*）

第 16 章 论蔓生植物（*De sarmentosis plantis*）

第 17 章 论甜瓜类（*De cucumere*）

第 18 章 论棕榈类（*De palmis*）

第 19 章 论锥形类（*De coniferis*）

第 20 章 论橄榄类，与月桂类，以及同属类的植物（*De olea, & lauro, & quae sunt generis ejusdem*）

第 21 章 橡树类志，及其各属（*Quercus historia & genera*）

这里要指出，扎卢然斯基思想的一大特点，是侧重于可见性。这种可见性并不简单地表现为植物的图像——如果翻检扎卢然斯基的著作，会发现恰恰相反，其中并不包含任何植物的图

---

[1] 原文如此，出现了两个"第 10 章"。
[2] 原文如此。

像——而是在扎卢然斯基那里存在一种对视觉的特殊偏爱。《草木学方法》第二卷的开篇处的第一章是对 *historia* 的定义和释说。在这里，扎卢然斯基就把 *historia* 的对象界定为"那些能看的东西"（*quod videre est*）：

> 确切地说，志书表记的是所看到的单个事物的观念及其呈现（*rerum singularium, quae videntur, ideam ejusque expositionem*）。①

在这个定义里，"单个事物"（*res singularis*）、"被看到"（*videntur*）、观念（*idea*，希腊词源 ιδέα 有"外貌""样貌"、"形式"意）、呈现（*expositio*，"摆放出来"）都是同视觉或空间相关联的。这种强调贯穿于扎卢然斯基的植物分类中，表现为两个方面。

首先，如林奈所总结的那样，扎卢然斯基的植物分类标准，是侧重于叶的形状的。在《草木学方法》第二卷的各章中，总是不断地提及不同植物在叶（*folio*）上的差异，并以此作为分类的依据。如果把扎卢然斯基关于植物性别的研究和他的分类尝试结合起来看，就会发现扎卢然斯基虽然提出了植物的性别，但是并未据此构造植物的分类系统。这一点是后世的植物学家所难以理解的。奥地利植物学家约瑟夫·奥古斯特·舒尔特斯（Josef August Schultes，1773—1831）在总结扎卢然斯基在植物性别方面的发现后，不无遗憾地写道："他却没有利用这些发现，以此为

---

① A. Zalužanský, *Methodi herbariae libri tres*, p. 88.

基础建立一种植物（分类）系统（Pflanzensystem）。"他认为扎卢然斯基本来可以达到后世阿尔布莱希特·冯·哈勒（Albrecht von Haller，1708—1777）的分类法[①]。这说明在扎卢然斯基那里，植物的性别和植物的分类是两种独立的研究，他本人无意把这两者结合在一起。从扎卢然斯基对视觉强调的角度看，这一点就容易理解了。植物性别和繁殖器官的特征常常依赖于解剖（如花的结构、果实的结构），不是显露在外的，它们的性状比叶的性状更加"不可见"——叶是近于平面的，在扎卢然斯基时代，不需要解剖叶的内部构造，只需要观察叶片的几何形状。因此，对于一种可用于医学学生迅速识记植物的实用的 *methodus*，选取叶作为分类的依据是更加便利和直观的。

其次，扎卢然斯基的"分延"方法，同样表现为可见的、空间中的图。而这是不见于切萨尔皮诺著作的。在《草木学方法》第二卷中，扎卢然斯基共绘制了 12 个分类图，这些图的结构是从一个大类中用括号分出两个小类，小类里再做如此的划分（图 1）。有时，这种图可以达到相当复杂的程度。

在图中最可注意的，是某一类群的下一级划分总是二歧的，从未出现三歧及以上的情形，这一特点具有思想史上的来源。欧格尔维和德国科学史研究者霍尔格尔·冯克（Holger Funk）已经注意到，扎卢然斯基的这种做法同法国逻辑学家彼得·拉穆斯

①　J. A. Schultes, *Grundriss einer Geschichte und Literatur der Botanik, von Theophrastos Eresios bis auf die neuesten Zeiten; nebst einer Geschichte der botanischen Gärten*, Wien: C. Schaumburg und Compagnie, 1817, p. 105.

（Petrus Ramus，1515—1572）的思想有关联①。拉穆斯是一位极端反对亚里士多德主义的学者，一些当时的哲学家和哲学史家把与他思想类似的流派称之为"拉穆斯主义"（Ramism），视为文艺

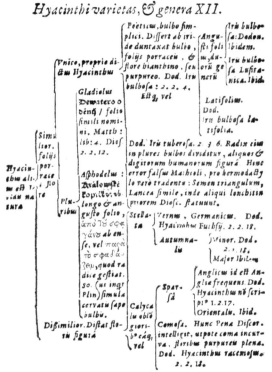

图 1　扎卢然斯基对"风信子的变种和各属"所做的研究②

① B. W. Ogilvie, *The Science of Describing: Natural History in Renaissance Europe*, p.226；Funk (2014)。

② A. Zalužanský, *Methodi herbariae libri tres*, p. 120. 取自巴伐利亚国立图书馆（Bayerische Staatsbibliothek）所制作的扎卢然斯基《草木学方法》电子影印版。

复兴时期的一大思想潮流。所谓"拉穆斯主义"十分庞杂，事实
上容纳了各种思想倾向，有很多独立于拉穆斯本人的流派。而到
了16世纪后半叶，所谓的"拉穆斯主义"常常指的是在教学过
程中将各类知识简化和规约为树形图的实践，而这些树形图中的
划分一般采用二分法[1]。这种拉穆斯主义的树形图在文艺复兴时
期的科学著作中使用非常频繁，这与当时日渐普及的印刷术也有
着直接的关联[2]。最为有名的早期代表是阿格里科拉（Rodolphus
Agricola，约1443—1485）。教授医学的学者也常常利用这种树
形图，而当时的植物学家大多兼为医师，这种做法由此也进入了
自然志的领域。德罗贝尔的著作中，已经使用了这样的图。而扎
卢然斯基毫无疑问也属于这一传统。术语上的印记也可以让研究
者更清晰地确认这一点。我们知道，在一部分文艺复兴时期的亚
里士多德主义者（如扎巴列拉）看来，*methodus* 和 *ordo* 是有所
区别的，*ordo* 主要是一种教学或进行展示的方法，*methodus* 则
是理论性的。而拉穆斯作为一名极端的反亚里士多德主义者，否
认 *methodus* 和 *ordo* 之间存在着差别。在 *methodus* 中，也没有
所谓"自然的" *methodus* 和"人工的" *methodus* 之分，任何的
methodus 或 *ordo* 都是同样自然的。[3] 而上文已经提及，在扎卢然

---

① P. K. Blum ed. *Philosophers of the Renaissance*, translated by B. McNeil, Washington D. C.: The Catholic University of America Press, 2010, p. 167.

② 这一观点由 W. J. Ong（*Ramus, Method, and the Decay of Dialogue*, Chicago: University of Chicago Press, 2004）做了充分的发挥和阐述。

③ E. Sellberg, "Petrus Ramus", in Edward N. Zalta ed. *The Stanford Encyclopedia of Philosophy* (Summer 2016 Edition), 2016/11/19 <https://plato.stanford.edu/archives/sum2016/entries/ramus/>.

斯基那里，他所谓的整个"草木学方法"（*Methodus Herbariae*），
就是把草木学"编入 *ordo*"（*in ordinem*），也即把 *methodus* 等同
于教学上的 *ordo*。拉穆斯主义那种把知识视觉化、空间化的理想，
在扎卢然斯基的实践中也也得到了贯彻。

四　阿尔德罗万迪

（一）阿尔德罗万迪对 *methodus-syntaxis* 的理解和应用

如果把切萨尔皮诺视为文艺复兴时期自然志科学中亚里士多
德主义的代表，而扎卢然斯基是反对亚里士多德主义的拉穆斯主
义的代表，那么，在两者之间仍然存在一种居中的立场。意大利
自然志家乌利塞·阿尔德罗万迪便可视为这种立场的代表。

文艺复兴思想的复杂性，集中且明显地体现在阿尔德罗万迪
的身上。20 世纪 70 年代以来，科学史家和思想史家对阿尔德罗万
迪的生平和思想做了多角度的研究。1976 年，意大利艺术史家、思
想史家吉乌色皮·欧尔米（Giuseppe Olmi）首先探讨了阿尔德罗万
迪同 16 世纪文化方方面面的联系，包括对赫尔墨斯—卡拉巴神秘
主义的兴趣[1]。1977 年，意大利历史学家桑德拉·图纽利·帕塔罗
（Sandra Tugnoli Pattaro）研究了阿尔德罗万迪受到的科学教育——
阿尔德罗万迪先后在博洛尼亚、帕多瓦等地学习了数学、人文学

---

[1]　G. Olmi, *Ulisse Aldrovandi: Scienza e natura nel secondo cinquecento*, Trento: Libera Università degli Studi di Trento, 1976.

科（*humanitas*）、亚里士多德主义的逻辑学和医学，最终决定投身于自然志科学的事业。[1]1981 年，图纽利·帕塔罗又在上述研究的基础上了，出版了《乌利塞·阿尔德罗万迪思想中的科学方法和科学体系》一书[2]。在书中，她展现了阿尔德罗万迪令人惊异的诸多面相："既受传统的制约，又伸向未来；既忠诚于五百年代的（cinquecentesco）旧亚里士多德主义的经典，又伽利略式地（galileianamente）相信经验和科学进步；既是博学好古的百科全书写作的范例，又根据他那个时代文化革新的多重需要而极为多产；既是把三段论——而非实验或数学——作为研究方法的理论家，又是同时代人的现代研究程序的赞助人；从而是一位在新旧科学之间的探索者，他的著作将和他的方方面面一起，成为两个时代之间艰难过渡的富有象征意义的见证。"[3] 在英语世界的科学史研究中，前文曾经提及的葆拉·芬德伦细致地研究了阿尔德罗万迪的活动[4]。

作为"新旧科学之间"变革之际的关键人物，阿尔德罗万迪的科学方法无疑是十分重要的研究主题，图纽利·帕塔罗的研究至今仍然具有极大的价值。这主要是因为阿尔德罗万迪的大量手

---

[1] S. Tugnoli Pattaro, *La formazione scientifica e il "Discorso naturale" di Ulisse Aldrovandi*, Università di Trento, 1977.

[2] S. Tugnoli Pattaro, *Metodo e sistema delle scienze nel pensiero di Ulisse Aldrovandi*, Bologna: Editrice CLUEB, 1981.

[3] 同上书，第 1—2 页。

[4] P. Findlen, *Possessing Nature: Museums, Collecting, and Scientific Culture in Early Modern Italy*.

稿尚未出版，而图纽利·帕塔罗利用了阿尔德罗万迪散见于手稿各处关于方法问题的论述。这里将从图纽利·帕塔罗的工作出发，指出 methodus 概念同文艺复兴时期自然志的关联，同时，我们将考察阿尔德罗万迪在实际如何在自然志科学中进行分类的尝试，这一工作至今还尚未得到科学史家的专门处理。

图纽利·帕塔罗指出，阿尔德罗万迪的 methodus 概念至少有三重含义。①方法作为研究的工具（metodo come strumento di ricerca）。这里是在亚里士多德主义的意义上谈的，即以三段论演绎的方式，获得关于事物原因等的知识。②方法作为教学法的次序（metodo come ordine didattico）。阿尔德罗万迪认为方法可以作为一种教学的技术来理解，这个意义上的 methodus 等同于 ordo。③方法作为记忆的技术（metodo come tecnica memorativa）。这个意义上的方法常常和拉丁文的 syntaxis 或意大利语的 sintassi 是同义词，即一种分类或辅助记忆的体系。①

图纽利·帕塔罗所列举出的三种 methodus 理解，实际上有着不同的来源。其中，"作为研究工具的方法"是中规中矩的亚里士多德主义，或者至少可以容易地纳入亚里士多德主义之中。而"作为教学法次序的方法"，则继承了典型的文艺复兴时期理解，也亲近于扎卢然斯基的拉穆斯主义。同时，在阿尔德罗万迪的身上也可以明显地看到现代早期记忆术（ars memoriae）的影响。这

---

① S. Tugnoli Pattaro, *Metodo e sistema delle scienze nel pensiero di Ulisse Aldrovandi*, pp. 66-75.

也即是阿尔德罗万迪对于"方法"概念的第三种理解：方法就是记忆的技艺。阿尔德罗万迪对于记忆的兴趣绝非孤立的个人倾向，而是现代早期欧洲学者中极为活跃的一种知识传统——用意大利哲学史和科学史家保罗·罗西（Paolo Rossi，1923—2012）的用语，可以恰当地称之为"逻辑—百科全书"（logica-enciclopedia）传统①。这一传统影响极其广泛，出现在若干现代性公认的代表身上。例如，笛卡尔就充分阐述了枚举（enumeratio）可以帮助记忆的作用②。阿尔德罗万迪同他的同时代人一样，苦于对知识的遗忘——阿尔德罗万迪自述年轻时试图钻研各种学科，但是记忆力却"贫瘠薄弱"（mediocrem et potius debilem）③。他极其热心地钻研了同时代的各种记忆术，甚至从青年时代开始，就自己摸索了一种记录技术：以字母顺序装订纸页以帮助记忆④。在他的著作《自然谈》（Discorso naturale）手稿中，他也着重强调自然志研究中应当用一切可能的方式出版自己的著作⑤，把知识固化为公共的记忆。图纽利·帕塔罗指出，在阿尔德罗万迪那里，这种记忆的技术的最主要表现就是分类。阿尔德罗万迪以"综列"（sintassi）

① 见 P. Rossi, *Clavis universalis: Arti mnemoniche e logica combinatoria da Lullo a Leibniz*, Milano: R. Ricciardi, 1960, p. 45 及以下。

② 同上书，第169—178页。

③ S. Tugnoli Pattaro, "Filosofia e storia della natura in Ulisse Aldrovandi", in R. Simili ed. *Il teatro della natura di Ulisse Aldrovandi*, Bologna: Editrice Compositori, 2001, p. 11.

④ 同上书，第11—12页。

⑤ S. Tugnoli Pattaro, *Metodo e sistema delle scienze nel pensiero di Ulisse Aldrovandi*, pp. 180-181.

为题，编写了数量众多的表格，以帮助记忆或保存知识。图纽利·帕塔罗研究了阿尔德罗万迪的手稿，认为在这些"综列"中，*methodus* 意味着"对属和种的划分与种差"（*divisio, ac deifferentia, per genera et species*）①。

　　然而，图纽利·帕塔罗的解说却存在一些可商榷之处。她试图把阿尔德罗万迪的这种 *methodus* 理解纳入到文艺复兴时期的一些哲学概念传统之中去——例如，她认为 16 世纪有一种广为流行的称为"划分次序"（*ordine divisivo*）的方法用于对自然物的分类②。图纽利·帕塔罗还引述了保罗·罗西思想史著作《万有之钥》（*Clavis Universalis*）作为依据，来说明 *methodus* 与分类活动的关系。然而，保罗·罗西在论述自然科学中的"分类方法"（*il metodo classificatorio*）时，所使用的材料是 17 世纪晚期的，讨论的是约翰·雷的分类和普遍语言之间的关系，距离阿尔德罗万迪逝世已有将近一个世纪。自然志史编史学的进展，已经使研究者不再能简单地把约翰·雷时代自然志的特点简单地类推到阿尔德罗万迪时代，不能直接假定阿尔德罗万迪拥有约翰·雷的概念预设。我们将通过阿尔德罗万迪的著作，来确定他的 *methodus*、

---

　　① S. Tugnoli Pattaro, *Metodo e sistema delle scienze nel pensiero di Ulisse Aldrovandi*, p. 74.

　　② 同上。在另一篇图纽利·帕塔罗与其他学者合著的德文论文中，她再次重申了她的这一判断（C. Tagliaferri, *et al.* "Ulisse Aldrovandi als Sammler: Das Sammeln als Gelehrsamkeit oder als Methode wissenschaftlichen Forschens?" in A. Grote ed. *Macrocosmos in Microcosmo: Die Welt in der Stube. Zur Geschichte des Sammelns 1450 bis 1800*, VS Verlag für Sozialwissenschaften, 1994, p. 268）。

syntaxis、*ordo* 等术语之间的联系，并确定他的分类尝试是在何种层面上进行的。

阿尔德罗万迪未发表的意大利文手稿《自然谈》集中地表明了他的自然志工作思想。阿尔德罗万迪使用 methodo / metodo（手稿中两种拼法皆有）并不十分频繁，然而，在仅有的几处提及中，却显示出他对 metodo 的重视。在谈及泰奥弗拉斯托斯区分雄树和雌树时，阿尔德罗万迪写道：

> 这里还有更多植物的一种性别同另一种性别的差别，我们已经在我们的普遍方法（nei nostri methodi universali）中详尽地论述过了，现在无需就此再说太多。①

在谈到自己收藏的一些动物和植物之间的中间类群时，阿尔德罗万迪进一步解释了这种"普遍方法"是什么：

> 这些属类，在我们的关于全部有生命物和无生命物的生成的普遍方法（Methodi universali de differentiis genericis omnium animatorum et inanimatorum）中，我们已经定义和阐明过了，借此可以把所见的任何事物约化（redurre）到最近

---

① S. Tugnoli Pattaro, *Metodo e sistema delle scienze nel pensiero di Ulisse Aldrovandi*, p. 178.

的属（genere prossimo），以便确切地定义和描述它。①

　　显然，这是阿尔德罗万迪一套固有的程序。"普遍"在这里可以对应于"所见的任何事物"，而"方法"则和"约化到最近的属"有关，其目的是定义和描述自然物。然而，这样的表述仍然太过一般，很难看出阿尔德罗万迪的特点。这种特点仍需要到阿尔德罗万迪 *methodus* 的实践中去寻找。阿尔德罗万迪留下了丰富的手稿可供研究，其中最为重要的是简称为《植物综列》（*Syntaxis plantarum*）的两本手稿。这两本手稿在博洛尼亚大学收藏的阿尔德罗万迪手稿中编号为 80 和 81，共计有两千余面，篇幅十分庞大。80 号手稿中，和自然志科学有关的是题为《植物综列》（*Syntaxis de plantis*）、《动物综列》（*Syntaxis de animalibus*）、《昆虫综列》（*Syntaxis de insectis*）、《自然物综列》（*Syntaxis rerum naturalium*）、《丝虫的方法》（*Methodus de vermibus olosericis*）的数份手稿。81 号手稿是较为完整的一份，题为《植物综列，与全面的索引》（*Syntaxis de plantis, cum indice universali*）②。这些手稿全部是图表式的，从一个起点开始，用左侧大括号展开若干分支，分支下面还可进一步进行展开（图 2）。在这些 *syntaxis* 下，阿尔德罗万迪从各个角度对自然物做了相当详尽的划分。

---

　　① S. Tugnoli Pattaro, *Metodo e sistema delle scienze nel pensiero di Ulisse Aldrovandi*, p. 193.

　　② L. Frati *et al.*, *Catalogo dei manoscritti di Ulisse Aldrovandi*, Bologna: Zanichelli, 1907, p. 78.

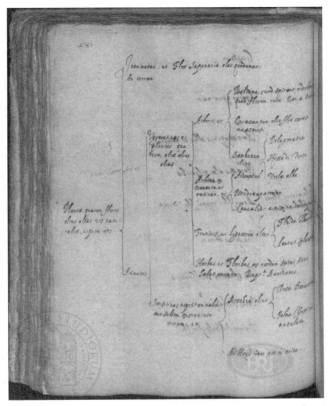

图 2 阿尔德罗万迪《植物综列》手稿中典型的一页[①]

　　然而，在这里需要追问一个核心问题，这种划分是不是一种近代分类学中的分类？这个问题之所以重要，是因为福柯和阿什沃斯等人一直认为，阿尔德罗万迪所代表的是一种文艺复兴时期

特有的大杂烩式的自然志工作，而远离于分类学。同时，阿尔德罗万迪的这种图式又表现为同扎卢然斯基式的分类图表十分类似。那么，阿尔德罗万迪的 *syntaxis* 是否可以归为分类学工作呢？我们从两个角度来回答这一问题，在本节将对阿尔德罗万迪 *syntaxis* 本身的特点做一讨论，在下一节将论述 *syntaxis* 同阿尔德罗万迪文本中其他组织形式的关系。

首先，阿尔德罗万迪的这种划分不仅仅是针对植物这种自然物本身的，也是针对植物的器官，如植物的根。因此，一些图表与其说是植物的分类，不如说是对植物某一部分的分类。其次，在阿尔德罗万迪这里，这里对自然物的划分总是通过各个角度反复进行的，并不是根据同一的标准对自然物进行一次性的分类。例如，单就植物的大类，阿尔德罗万迪就曾经把植物分为乔木（Alberi）、矮树（Arbusti）、灌木（Frutici）、半灌木（Suffrutici）和草（Erbe），而在不同的地方，又将植物分为完全的（prefette）和不完全的（imperfette），以及家养的（domestiche）和野生的（silvestri）。[1] 同一种植物可以在不同的 *syntaxis* 的不同位置出现。因此，很难说阿尔德罗万迪有一个一贯的、理论性的分类系统——也即很难说在他的 *syntaxis* 背后有一种近代式分类学的构想，而只有若干临时性的分类方案。

在图表的表示上，阿尔德罗万迪也同扎卢然斯基的二歧图表

---

① F. Morini, "La *Syntaxis plantarum* de U. Aldrovandi", in *Intorno alla vita e alle opere di Ulisse Aldrovandi*, Bologna: Libereria Treves di L. Beltrami, 1907, pp. 199-200.

不同。阿尔德罗万迪的图表的一个括号中，总是容许多个项目的存在。这一点或许可以从阿尔德罗万迪对亚里士多德的推崇得到解释。在自然志科学上，阿尔德罗万迪把亚里士多德奉为经典，在他著作中，总是反复引证亚里士多德，把亚里士多德的自然志著作视为自己重要的文本来源。在《自然谈》中，他也表现出对亚里士多德如何组织自然知识的赞同：

> 因为那位哲学家（il Philosopho，即亚里士多德）并非不加留意地，而是有方法地（methodicamente）来论述一切自然物（cose naturali），论述一切混合物，既包括有生命的，也包括无生命的……①

阿尔德罗万迪熟悉亚里士多德的著作。而就在《论动物部分》中，亚里士多德反对使用柏拉图的二分法来研究动物。很可能是受到亚里士多德的这种影响，阿尔德罗万迪并未使用拉穆斯主义所偏好的二歧图表。

此外，如果用沃尔特·翁（Walter J. Ong，1912—2003）的术语，将拉穆斯主义和扎卢然斯基的著作视为书面知识传统（literacy）的代表，把知识通过空间的方式表现出来，那么，亚里士多德和切萨尔皮诺的著作则更有口头知识传统（orality）的特

---

① S. Tugnoli Pattaro, *Metodo e sistema delle scienze nel pensiero di Ulisse Aldrovandi*, p. 176.

点，总是期待读者在时间之流中去宣读并认知，而非一览无余地用图表等方式表达。而阿尔德罗万迪在这种口语—书面知识传统的二分之中，采取了一种颇可玩味的立场。从表面上看，他的《植物综列》是非常典型的图示，但是如果更仔细地审阅他的这种图表，会发现其中仍然有口头知识传统的特征。例如，在画括号之前，阿尔德罗万迪常常不是只写一个名词或名词性的词组，而是会写半句话，以拉丁语的连词 *ut* 为中顿，再在 *ut* 之后拉出括号。这样，读者便可以以读一句话的方式，选择不同的分支来完成这句话。可以推测，在教学中阿尔德罗万迪会遍历其中的各个分支，读出若干完整的句子。因此，阿尔德罗万迪的 *syntaxis* 图表，更像是把口语知识转换为空间性的书面知识的一种中间阶段，居于切萨尔皮诺和扎卢然斯基这两大传统的代表之间，这也是他立场的独特之处。

（二）阿尔德罗万迪著作中三种排列自然物的方式

接续上文的讨论，还可以提出最后一个问题，那就是阿尔德罗万迪的这种划分，都用于何种场合？研究已经表明，他编写了各种 *methodus* 或 *syntaxis* 用于对学生的教学，然而，在他的收藏和出版活动中，他是否还使用这种技术呢？

现在保存下来的阿尔德罗万迪手稿，除了他写的著作和笔记，还有大量书信。其中，有许多书信是向其他人报告他的藏品的。1583 年 4 月 26 日，阿尔德罗万迪向弗朗切斯科一世写信，向弗朗切斯科一世汇报自己收藏的植物，附有一份"阿尔德罗万迪博士寄来的植物目录"（Catalogo delle piante mandate dal Dottor

Aldrovandi），这份目录的内容是这样的：

Chamairis lutea caerulea.

Argentina.

Rhodia radix.

Ranunculus Illyricus.

Trinitas flore albo purpureo.

Clematis daphnoides flore candido, rubro, pupureo.

Dictamnum Cretense verum.

Thalictrum minimum.

Calamentum aquaticum.

Calamentum Anglicum variegatum albo et viridi.

Caryophyllum Ungaricum.

Thlaspi orientale parvum.

Anemone Mediolanensis.

Bulbus eriophoros.

Thalspi contra morsum canis rabidi.

Salvia minima.

Carduus eriophoros.

Titymalus dendroides.

Cithisus verus.

Tanacetum Anglicum.

Digitalis maior.

*Archangelica flore albo.*①

　　阿尔德罗万迪使用的植物名称，和今天规范的学名不同，研究者已经无法确定其中诸如"匈牙利丁香"（*Caryophyllum Ungaricum*）或"有白花的古当归"（*Archangelica flore albo*）是何种植物，因此难以进行翻译。然而，从这份目录的风格上，不难看出，阿尔德罗万迪并未把这些植物藏品整理成分类图表，这里没有显示出任何层级，也没有用他在教学中惯常所用的 *syntaxis* 的方式加以呈现，甚至也没有按照字母顺序来排列。如果考虑到弗朗切斯科一世并非阿尔德罗万迪一般的友人，而是需要郑重对待的权贵，那么，这种目录只显示出阿尔德罗万迪在交换藏品信息时，并未有意识地使用自己的 *methodus* 对信息加以组织。

　　同样，如果检阅已经出版的阿尔德罗万迪著作，也会发现他的著作中并没有层级式的分类，也缺乏 *syntaxis* 式的图表展示。阅读他著作的后世自然志家，往往因此并不把阿尔德罗万迪当作一名分类学家。法国植物学家让－巴蒂斯特·圣拉日（Jean-Baptiste Saint-Lager，1825—1912）就认为，"人们在他（阿尔德罗万迪）那里没有什么可发现，甚至也没有一种足够有序的分类系统（systèm bien ordonné de classification）"②。阿尔德罗万迪明

---

　　①　A. Tosi ed. *Ulisse Aldrovandi e la Toscana: Carteggio e testimonianze documentarie*, Firenze: Leo S. Olschki Editore, 1989, pp. 277-278.
　　②　转引自 O. Mattirolo, *L'opera botanica di Ulisse Aldrovandi*, Bologna: Regia Tipografia, Fratelli Merlani, 1897, p, 47。

确声称自己的著作有一种"次序"（*ordo*）。在他生前出版的《鸟类学》（*Ornithologiae*）的引言"鸟类学引论"（*Prolegomena in ornithologiam*）中，便有一节是"论次序"（*De ordinem*）。① 然而，这种次序却不是层级式的分类系统。阿尔德罗万迪把这里的 *ordo* 等同于古希腊语的 τάξις（排列、排序），是对材料的一种"摆列"（*dispositio*）。而这种排列或摆列并不总是出于某种传统自然哲学的理由。在"论秩序"一节中，阿尔德罗万迪并没有如他在手稿中那样，总是提到亚里士多德及其自然志工作，而是反复提及普林尼和法国自然志家皮埃尔·贝隆（Pierre Belon，1517—1564）。如果单就这一节来看，很难看出其中有亚里士多德的强烈思想影响：阿尔德罗万迪在这一节中评论说，猛禽（*rapaces*）"在高贵性上"（*nobilitate*）优于其他的鸟类，因此值得给予优先的地位。阿尔德罗万迪的这本《鸟类学》也的确是以猛禽金雕（*Chrysaetos*）作为开篇的。因此，很难说阿尔德罗万迪的著作缺乏组织，但是他的组织并不是某种分类系统，也和他私下编制的 *syntaxis* 有形式上的不同——在他出版的各种著作中，并没有分出层级的图表。

　　阿尔德罗万迪是否在这里借用了扎巴列拉的 *methodus* 和 *ordo* 之分？虽然缺乏直接的证据，但是阿尔德罗万迪和同时代的许多自然哲学家一样，总是自由地借用各种哲学和医学传统。在若干问题上，阿尔德罗万迪的确和扎巴列拉的看法是相似的——例如

---

① 　U. Aldrovandi, *Ornithologiae hoc est de auibus historiae libri XII*, Bononiae: Apud Io. Bapt. Bellagambam, 1599, pp.7-8.

对于亚里士多德的权威性如何看待。① 在这里，即令不是术语上的直接借用，至少阿尔德罗万迪也趋同于扎巴列拉的精神。

综上所述，至少可以确定，阿尔德罗万迪有三种组织自然物及其材料的方式。第一种是开列目录（catalogo）或名录，构成一种线性的排列。第二种组织方式是在他公开出版的著作中的"次序"（ordo），同样是线性的、顺序的，然而对先后次序有一定的考虑。第三种则是他在手稿中的"综列"（syntaxis）或"方法"（methodus），用层级式的图表的方式对自然物进行划分，这种划分并不等同于现代分类学意义上的分类，但是是十分接近的。如果站在历时发展的角度看，可以说阿尔德罗万迪的 *methodus-syntaxis* 仍然处于一种从亚里士多德动物研究到近代分类学之间的中间阶段。

＊　　　＊　　　＊

我们对文艺复兴时期自然志中分类尝试的回顾自然不是巨细靡遗的，然而，这足以代表性的帮助我们确定几种类型：切萨尔皮诺的亚里士多德主义、扎卢然斯基的拉穆斯主义和及阿尔德罗万迪较为折中的实践。这三种类型的分类尝试也对应着三种对 *methodus* 的理解——切萨尔皮诺对作为纯粹记忆术的 *methodus* 抱

---

① P. Findlen, *Possessing Nature: Museums, Collecting, and Scientific Culture in Early Modern Italy*, p. 60.

着拒斥的态度，在著作的组织形式上恪守古代自然志的传统；扎卢然斯基则把 *methodus* 当作自己著作的标题，将其理解为图式的"分延"，以帮助记忆，具有鲜明的近代分类学精神；而阿尔德罗万迪则把 *methodus* 或 *syntaxis* 改造为一种普遍的进行划分的方法，但这更多是临时性的教学工具，同时在不同的地方仍然采用着其他组织材料的方式。

文艺复兴时期自然志科学的一个发展趋势，是强调可见性和视觉。除去最僵硬的亚里士多德主义者之外，自然志家已经开始将自然物的知识可视化。在分类问题上，这一点体现为日益广泛地采用分级的图表。因此，自然志家不仅继承了文艺复兴时期对于 *methodus* 的普遍理解，*methodus* 还拥有了一种在视觉上进行表达的意义，成为了自然志家组织材料——不论是理论性的还是实用性的——的重要工具。这个特点在后世自然志家的分类工作中，得到了完全的继承。

第三章　围绕 *methodus* 的分类学之战

如前文反复提及的那样，今天的科学史家一般认为，典型的文艺复兴时期的自然志科学在 17 世纪下半叶经历了一个巨大的转变。用欧格尔维的论题来表述，便是自然志科学要处理的问题的转换："文艺复兴时期自然志家尽管还相信自然的不可穷尽性，但是想要了解自然的一切。他们的继承者们，则被填塞了过多的事实，面临着一个迥然不同的问题：如何从他们已知的东西中获得意义。他们的时代已经不是描述的时代，而是系统（systems）的时代。"[1] 换言之，构造分类系统成为了 17 世纪后半叶以后自然志家的主要问题。而这个时代，自然志家对自然物（主要是动物和植物）的分类尝试远比文艺复兴时期更加普遍，涌现出了众多的分类系统。在这些彼此不同、从而具有竞争关系的分类系统之间，是并不和平的关系。林奈在回顾这段历史时，认为存在多场"系统的战争"（*bella systematica*），认为存在一群"论辩家（*Eristici*）在公开的植物学著作中进行争论"。[2] 这种"战争"的比喻并不

---

[1]　B. W. Ogilvie, *The Science of Describing: Natural History in Renaissance Europe*, p. 271.

[2]　C. Linnaeus, *Philosophia botanica*, p. 11.

是林奈偶然构想出来的某个随便的用语，自他 1736 年出版《植物学书目》以来，一直到他生前最后一次再版《植物学哲学》（1770年），他都一直用同样的用语来描述这场"战争"[1]。科学史家史塔凡·缪勒–维勒（Staffan Müller-Wille）也注意到了这种修辞，把这段历史称之为"分类学之战"（taxonomic wars）[2]。

那么，按照林奈的理解，这场战争的参与者是谁呢？林奈在《植物学哲学》中是这样表达的：

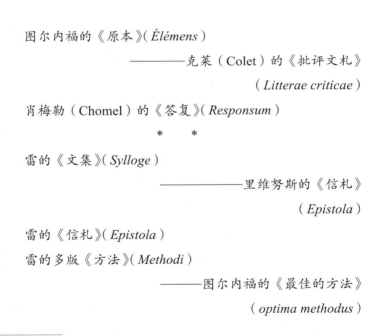

图尔内福的《原本》（*Élémens*）

————————克莱（Colet）的《批评文札》

（*Litterae criticae*）

肖梅勒（Chomel）的《答复》（*Responsum*）

*　　*

雷的《文集》（*Sylloge*）

————————里维努斯的《信札》

（*Epistola*）

雷的《信札》（*Epistola*）

雷的多版《方法》（*Methodi*）

————————图尔内福的《最佳的方法》

（*optima methodus*）

---

[1]　C. Linnaeus, *Bibliotheca botanica*, p. 120.

[2]　S. Müller-Wille, "Systems and How Linnaeus Looked at Them in Retrospect", pp. 309-310.

迪连尼乌斯（Dillenius）的《检验》（judicium）

*　　*

林奈的方法（Methodus）

———希格斯贝克（Siegesbeck）的《图说》

（Epicrisis）

布罗瓦利乌斯（Browallius）的《检验》（Examen）

格莱迪驰（Gleditsch）的《考察》（consideratio）

———希格斯贝克的《空谈》

（Vaniloquia）

海斯特（Heister）的《札记》

（Schedulae）①

　　林奈用星花分隔开了三场"战争"，并给出了参加论战的人物和著作名称。除去最后一场由林奈开启的"战争"之外，头两场"战争"中贯穿始终的人物是约翰·雷和图尔内福。可以说，这两位植物学家（有时加上里维努斯）是"分类学之战"的主将。然而，从术语的角度来审视，不论是林奈所说的"系统的战争"还是缪勒-维勒的"分类学之战"，都不尽准确。约翰·雷、图尔内福和林奈的著作标题都出现的是 methodus 而非 systema。在论战进行的时代，"分类学"（taxonomy）一词也还没有问世——直到 1813 年，奥古斯特·彼拉姆斯·德堪多（Augustin Pyramus de

---

①　C. Linnaeus, Philosophia botanica, p. 11.

Candolle，1778—1841）才在自己著作中才第一次根据希腊词根创造了"分类学"（taxonomie）一词。[①] 如果让参与论战的学者自己指称这场"战争"，或许他们会更恰切地称之为"方法之战"，或"关于 *methodus* 的战争"。

一 约翰·雷与《植物新方法》

（一）约翰·雷研究中的"本质主义叙事"问题

科学史界对这场论战进行评述的最为重要的一项工作，同时也是对约翰·雷分类思想研究有重要贡献的科学史工作，是美国科学史家菲利普·R. 斯隆（Phillip R. Sloan）70 年代发表的论文"约翰·洛克、约翰·雷与自然系统问题"（John Locke, John Ray, and the problem of Natural System）[②]。用缪勒－维勒的话来说，这篇达五十余页的中篇论文可以"正确地被视为生命科学史和生命科学哲学的一篇经典"[③]。斯隆的论文处理的是约翰·雷和所谓"欧陆植物学家"（Continental botanists），也即图尔内福和里维努斯

[①] 对德堪多分类学概念的阐述，可见 J.-M. Drouin, "Principles and Uses of Taxonomy in the Works of Augustin-Pyramus de Candolle", *Studies in History and Philosophy of Science Part C: Studies in History and Philosophy of Biological and Biomedical Sciences*, vol. 32, no. 2, 2001。

[②] P. R. Sloan, "John Locke, John Ray, and the Problem of the Natural System", *Journal of the History of Biology*, vol. 5, no. 1, 1972.

[③] S. Müller-Wille, "Systems and How Linnaeus Looked at Them in Retrospect", p. 305.

（Augustus Quirinus Rivinus，1652—1723）的论战。斯隆这样描绘这场论战的图景：15世纪以来的生物分类学史有两大关键的思想步骤推动。其一是经院逻辑学应用到生物上，这种逻辑学通过属和种差的方式来寻求对某种生物的本质定义。其二是对所谓"亚里士多德问题"的理论回答。斯隆所谓的"亚里士多德问题"指的是：如何确定生物的本质特征，使得传统逻辑学中的划分方法可以应用到这些特征上。图尔内福和里维努斯代表的是可以追溯到切萨尔皮诺的一种欧洲自然志传统，这种传统认为，植物的正确分类只能通过对花和果实结构特征的逻辑划分而得到，因为繁殖器官代表了植物的"本质"。而约翰·雷则代表了一种新哲学的传统，他的思想资源是罗伯特·波义耳对第一性质和第二性质的区分，以及约翰·洛克对分类可以基于被分类物本质的批评。约翰·雷的思想经历过一次演变，他一度是切萨尔皮诺式的自然志家，后来接近洛克式的经验主义，认为所谓"本质"是难以得到的，因此分类应当首先收集大量的偶性或第二性质，然后综合利用这些特征作为标准，而不仅仅只关注起繁殖作用的器官。

斯隆的这一工作，主要是对约翰·雷的研究，他对于所谓的欧陆植物学家则介绍较少。例如，他甚至没有机会检视里维努斯的著作①。然而，斯隆这篇论文在科学史上的影响，却主要不在于约翰·雷，而是因为这篇论文卷入了对生物学史上本质主

---

① P. R. Sloan, "John Locke, John Ray, and the Problem of the Natural System", p. 33.

义（essentialism）的讨论①，成为了对"本质主义"进行攻击的思想资源——这可以恰当地称为"本质主义叙事"（the essentialism story）。这种"本质主义叙事"往往认为，自柏拉图时代开始，一种"本质主义"便统治着西方思想，人们固执地认为，一类事物中的事物可能在偶性上有差异，然而这个类本身却有某种确定的、不变的本质；这种观念在生物学上的反映，便是每种、每类动植物都有自己的不变的"本质"，而进化系统学以前的分类学的历史主流，便是确定这些"本质"并对它们进行分类，这种"本质主义"直到达尔文提出进化论才被破除。极为流行的恩斯特·迈尔的《生物学思想的发展》一书也采取了这种叙事，使得斯隆的这种历史写作及其背后蕴含的观念得以广泛传播。在国内，熊姣在对约翰·雷分类学的研究中，曾经介绍了斯隆的观点，在一些局部问题上对斯隆的观点做了修正，然而在总体上接受了这种把约翰·雷看作本质主义的破除者的历史叙事②。但是，80 年代以来，有一批生物学史家反对这种在讨论分类学史时的这种粗线条的"本质主义叙事"。最主要的发难者是加拿大科学史家玛丽·P.温瑟尔（Mary P. Winsor）。温瑟尔尖锐地指出，迈尔为代表的生物学史家试图把生物分类学的历史描绘成一部从古代的本质主义中解放出来的历史，而迈尔本人的动机是推进生物进化论中的现代综合（Modern Synthesis）。越来越多的研究被编织进这种历史

---

① 编史学上的总结，可见 S. Müller-Wille, "Systems and How Linnaeus Looked at Them in Retrospect", p. 306。

② 熊姣：《约翰·雷的博物学思想》，第 192—211 页。

叙事，从而完全塑造了今天各种生物学史教科书中讲述生物分类学史的方式，然而，这种"本质主义叙事"的始作俑者却"无人做过任何严肃的历史研究"，给出的是一幅歪曲的画面。[①] 对这种生物分类学史中"本质主义叙事"的反抗，目前虽然零星，然而也已经形成一种细小的潮流[②]。在前文已经提及的缪勒－维勒就是这种"本质主义叙事"的颠覆者之一。他从林奈对分类学史的回顾出发，提出应当细心地重审雷－里维努斯－图尔内福的论战史。缪勒－维勒对此提出了若干理由，我们将在本章和第四章予以关注和评论。然而，他的讨论"与其说是历史学的，不如说是编史学的"[③]，许多细节只有通过其他科学史工作的研究才能得到确定。在我们中，将接受缪勒－维勒的编史学建议，结合 *methodus* 概念及其实际运用的角度，来为约翰·雷和图尔内福的分类学之争提供一点材料。

（二）约翰·雷对植物"方法化"的思想发展

为完成上述任务，本节考察的对象将集中于约翰·雷的植物分类。这首先是因为，虽然约翰·雷本人也写作了一些有关动

---

① M. P. Winsor, "The Creation of the Essentialism Story: An Exercise in Metahistory", *History and Philosophy of the Life Sciences*, vol. 28, no. 2, 2006.

② 例如 P. F. Stevens, *The Development of Biological Systematics: Antoine-Laurent de Jussieu, Nature, and the Natural System* 这部对裕苏的研究就意图改写这种本质主义叙事。更多的文献指引可见 S. Müller-Wille, "Systems and How Linnaeus Looked at Them in Retrospect", p. 307.

③ S. Müller-Wille, "Systems and How Linnaeus Looked at Them in Retrospect", p. 316.

物的著作，但约翰·雷对于植物的研究显得更加深入，前后有多部关于植物的著作问世，可以更加清楚和立体地展示其自然志思想的各个侧面，这对于还原他的思想发展更加便利。其次，约翰·雷、图尔内福等人的争论是集中于植物分类上的，通过论战中各种观点的对比，可以帮助我们理解 17 世纪下半叶以来生物分类学中的若干细节问题。这里并不试图巨细靡遗地介绍约翰·雷的生平与他的植物学工作[1]，而侧重于讨论他如何组织有关植物的各种材料，如何对植物种类进行排列和分类，以及在这些活动中，他都使用了什么样的概念。从斯隆开始，几乎所有的科学史家常常把约翰·雷与其他植物学家的争论描述为一种围绕"自然系统"（natural system）的争论[2]，然而，"自然"和"人为"的系统或 *methodus* 之分，是林奈才提出来的，在约翰·雷的时代人们并不知道这样的用语。缪勒－维勒已经正确地指出，虽然在很偶然的情况下，约翰·雷等自然志家会评论说某种 *methodus* "接近于自然"等，但是这似乎只是一种修辞，他们从来没有提到过"自然方法"或"自然系统"之类的术语。更关键的是，在他们那里也没有"人工方法"或"人工系统"作为对立的概念出现。[3] 因此，我们，不采用"自然系统"之类的术语来讨论这场分类学之

---

[1]　对于约翰·雷活动的各个方面的概览，可参见熊姣的《约翰·雷的博物学思想》。

[2]　斯隆论文的标题就包含了"自然系统"一语。国内的科学史著作在论述约翰·雷等人的工作时，也常常把约翰·雷描述为一种"自然系统"的构造者。

[3]　S. Müller-Wille, "Systems and How Linnaeus Looked at Them in Retrospect", p. 311.

战，只使用约翰·雷和图尔内福本人的术语和概念，以免出现年代误植的错误。"自然系统"对于约翰·雷更是一个非常陌生的词汇——从已有的约翰·雷著作和书信看，他几乎不使用"系统"（ *systema* / system ）一词，只使用"方法"（ *methodus* / method ）。和约翰·雷通信的人会偶尔使用"行星系"（ planetary system ）这样的词①，但这显然取用自现成的天文学术语，约翰·雷在论述植物时一直只使用 *methodus* 或 method。我们将在下文的论述中恪守约翰·雷的这种术语使用。

约翰·雷最早的植物学著作是 1660 年出版的《剑桥郡植物名录》（ *Catalogus plantarum circa Cantabrigiam nascentium* ）。在这部"最早出版的一批地方植物志之一，也是第一部英国地方植物志"②中，33 岁的约翰·雷这样表现自己对 *methodus* 的理解：

> 我们所遵从的汇集索引的方法（ *Methodus* ）全然没有别的，而是根据字母表的次序（ *secundum Alphabeti ordinem digerendo* ）来排列植物。③

---

① *The Correspondence of John Ray, Consisting of Selections from the Philosophical Letters Published by Dr. Derham, and Original Letters of J. Ray, in the Collection of the British Museum*, London: The Ray Society, 1848, p. 271.

② J. Ray, *Methodus plantarum nova*, translated by S. A. Nimis *et al.*, London: The Ray Society, 2014, p. 7.

③ J. Ray, *Catalogus plantarum circa cantabrigiam nascentium*, London: Apud Jo. Martin, Ja. Allestry, Tho. Dicas, 1660, p. viii.

在这本名录中，约翰·雷严格地按照首字母顺序来排列植物。按照现在的分类学著作用语，这部名录可以称之为"附有注记的"（annotated）——除了开列植物名称之外，约翰·雷还对每种植物的分布地域做了详细的记录，同时也汇总了其他自然志家著作中该植物的名称，方便读者对比。需要注意的是，尽管按照字母顺序排序似乎很近似于文艺复兴早期自然志著作的特点，但是在这里，约翰·雷的这种引证限于自然志著作，并未像典型的文艺复兴时期自然志家如格斯纳或阿尔德罗万迪那样，以语文学的方式旁征博引各种文学或各类古代文献，这已经体现出超越文艺复兴时期自然志科学的倾向。

同时，尽管《剑桥郡植物名录》的正文以字母顺序来排列植物，但是约翰·雷一直在思考植物的分类问题。在名录的评注部分，约翰·雷有时会发表关于分类问题的评论。在论述剑桥郡的柳树（*Salix*）时，约翰·雷这样谈到柳树的分类：

> 植物学家在描述和区分（*distinguendis*）柳树时的混乱和晦暗，殊为可怪。有些人把它们区分成乔木和矮树（*in arboreas et pumilas*），另一些人把它们区分成宽叶和狭叶（*in latifolias et angustifolias*），并没有考虑叶的组织和性质（*texturae & qualitatum*），致使相关联的（植物）分离开，而相异的则系于一处（*tum cognata disjungunt, tum aliena copulant*）。此外，大多数描述也简短不明，很难由此收获确定的东西。而我们将部分地因为上述理由，部分也是因为据

我们所知，有些在这里习见的柳树尚无人触及，所以我们尝试以我们的方式更恰当地区分他们，把他们从这些或者全然不知，或者晦暗不明的种中区分出来，更加精确地描述它们，以便只要有人勤加留意这种描述，便不能不把它们辨认和区别开来（*agnoscere & dignoscere*）。①

此后，约翰·雷把柳树"归约为两类或两属"（*ad duo capia sive genere reducimus*），一类称为"叶更紧的柳树"（*Salix folio compactiore*），另一类称为"叶宽且实的柳树"（*Salix folio laxiore & crassiore*），前者可对应于英语中的 willow，后者对应于 sallow 或 osier。这里有两点需要注意。首先，在约翰·雷看来，分类不仅是在整理旧有的自然物知识，同时也是制造新知识的方式——通过恰当的划分，可以辨识出新的种类，对自然志家所不清楚的种类进行研究。其次，可以看到，约翰·雷在描述分类过程中，使用的术语一直是"区分"（*distinguo*），并未提到"排列"，也未提到 *methodus* 或类似的词。

这种术语上的特点，也可以在别处得到证实。在整本书的末尾，约翰·雷也附上了一份"更为常用的植物的属类或划分"（*Capita seu divisiones plantarum usitatiores*）。这里的"划分"（*divisiones*）和"属类"（*capita*）被等同起来，而在前文论

① J. Ray, *Catalogus plantarum circa cantabrigiam nascentium*, pp. 141-142. 这一段有节译的中译文，见熊姣：《约翰·雷的博物学思想》，第 200 页，有一些地方是意译的。这里按照拉丁文原文严格地译出。

述柳树处，*capita* 又是和"属"（*genera*）同义的。因此，这里的
divisiones 不是一种活动，而是活动的结果。在约翰·雷那里存在
着两种活动，一种是"区分"（*distinguo*）或"划分"（*diviso*），产
生的是"划分"（*divisiones*）、"属类"（*capita*）或"属"（*genera*），
另一种是"排列"（*digero*），产生的结果是 *methodus*。这两种活动
并不能天然地加以等同。在进行"区分"时，可以无需考虑如何
排列，正如在划分出两类柳树时，无需特别考虑这两类柳树的先
后顺序。而在进行"排列"或制作 *methodus* 时，也可以不按照现
有的分类，例如这整部《剑桥郡植物名录》在编排的顺序上拥有
一种不依赖于现有"划分"的 *methodus*。

那么，约翰·雷这种"更为常用的植物属类或划分"是什么
样的呢？约翰·雷首先提到了植物可以分为"完全植物"或"不
完全植物"两类，在这篇"更为常用的植物的属类或划分"中，
他主要关注的是完全植物。对于完全植物，约翰·雷划分为乔木
（*arbor*）、灌木（*frutex*）、半灌木（*suffrutex*）和草本（*herba*），
对于每一类，都进一步做出了划分。在乔木下分出了：

    1. 梨果类（Pomiferae）

    2. 李果类（Pruniferae）

    3. 核果类（Nuciferae）

    4. 浆果类（Bacciferae）

    5. 橡果类（Glandiferae）

    6. 球果类（Coniferae）

7. 角果类（Siliquosae）

8. 其他不属于这些类的树

　　灌木则被分为有刺类（Spinosi）和无刺类（Non Spinosi）。约翰·雷同时指出，"也可以将灌木以另外的方式分成有花类（*floriferi*）、有果类（*fructiferi*）和攀缘类（*scandentes*）等"。至于半灌木，因为"数量不多"没有进行分类。而对于数量庞大的草本植物，约翰·雷在这里将其分成：

1. 球根类（Bulbosae）

2. 块根类（Tuberosae）

3. 伞形花类（Umbelliferae）

4. 轮生类（Verticillatae）

5. 有穗类（Spicatae）

6. 攀缘类（Scandentes）

7. 伞房花类（Corymbiferae）

8. 冠毛花类（Pappiflorae）

9. 头状花类（Capitatae）

10. 钟形花类（Campaniformes）

11. 冠状类（Coronariae）

12. 圆叶类（Rotundifoliae）

13. 平弧状脉类（Nervifoliae）

14. 星形类（Stellatae）

15. 谷类（Cerealia）

16. 多肉类（Succulentae）

17. 禾叶类（Graminifoliae）

19.[①] 蔬菜类（Oleraceae）

20. 水生类（Aquaticae）

21. 海生类（Marinae）

22. 石生类（Saxatiles）[②]

　　这种分类有些近似和约翰·雷同时代的罗伯特·莫里逊（Robert Morison，1620—1683）和约阿希姆·荣格（Joachim Jung,1587—1657）提出的分类方案[③]，然而又不尽一致。在这里，引起我们注意的是约翰·雷对于分类的态度。总的来看，这份"划分"并不追求理论上的完备或整齐，更多出于实用目的。从这份不长的纲要来看，"划分"实际上并不总是有必要进行下去的。例如，半灌木植物就没有再进行划分，因为"数量不多"，似乎暗示着枚举就足以敷用。而草本植物中谷类（Cerealia）却又细分为麦类（*frumentacea*）和豆类（*Legumina*），其理由或许是种类繁多，且在经济上重要。其次，这种"划分"也并不是唯一的。约

---

① 原文如此，缺 18。

② J. Ray, *Catalogus plantarum circa cantabrigiam nascentium*, pp. 100-102.

③ S. H. Vines, "Robert Morison 1620—1683 and John Ray 1627—1705", in F. W. Oliver ed. *Makers of British Botany: A Collection of Biographies by Living Botanists*, Cambridge: Cambridge University Press, 1913, pp. 15-28.

翰·雷提到可以以多种方式对植物划分，并不忌惮因此而来的重复和重叠：

> 还可以以不同的方式另将植物按照根、茎、花、种子、叶等进行划分……①

然而，约翰·雷并没有在《剑桥郡植物名录》中再根据这些特征进行划分。这一阶段的约翰·雷对于编纂名录有一种特别的爱好，还没有大规模地构造分类或者"划分"。1670 年，他又出版了《英国和邻近诸岛植物名录》(*Catalogus plantarum Angliae, et insularum adjacentium*) 一书，同样是按照字母顺序来排列植物。这本书一度十分流行，在数代英国自然志家中起着田野手册的作用②。在致读者的序言中，约翰·雷更加详细地申明了自己按照字母表顺序编排名录的原因：

> 至于方法 (*methodus*)，植物的名称是按字母表次序排列的，这部分是为了简短 (*brevitas*)，这是我在这本小书中想到努力达成的；部分也是为了不让植学学者 (*Phytologiae studiosi*) 耽于时间的浪费，对同一种植物还要被迫查询两次，一次在索引中，一次在书中；最后，也部分是因为，带

---

① J. Ray, *Catalogus plantarum circa cantabrigiam nascentium*, p. 103.

② 熊姣:《约翰·雷的博物学思想》，第 48 页。

有各属类的特征的（*cum notis generum charcteristicis*）那种
一切植物的普遍方法（*methodus generalis plantarum omnium*）
是我行将阐述的，如果上帝允许，愿我能尽快做出。①

　　在这里，约翰·雷对 *methodus* 的论述更加详细，也透露出若
干重要的信息。首先，约翰·雷理解的 *methodus* 是一种排列，按
照字母表顺序做的排列和理论性的排列都可以算是 *methodus*。其
次，这两种 *methodus* 各有长处，即便约翰·雷在构想一种理论性
的 *methodus* 时，他仍然在著作中采用了字母表顺序，并且解释了
这种 *methodus* 在实用层面的一些优点——篇幅短小，读者不必来
回翻检。这种对简短的追求，贯穿着约翰·雷的自然志活动始终。
约翰·雷对于读者如何能够找到特定的植物，也有着特别的关心。
作者如何组织自然志著作，读者又如何在自然志著作中定位——
这是约翰·雷面临的问题。以字母顺序排序可以最大限度地减少
读者在已知植物名称时寻找植物的麻烦。最后，这段话表明，约
翰·雷在认真地设想一种所谓"一切植物的普遍方法"，特点是能
够指示"各属类的特征注记"，约翰·雷似乎并不满意于单纯的字
母顺序。也从此时开始，约翰·雷的 *methodus* 超出了单纯的"排
列"，而同"划分"开始融合，这一点将在下文看到。
　　似乎是为了前后呼应，在《英国和邻近诸岛植物名录》的最
末一页，约翰·雷继续谈到这种设想中的"普遍的 *methodus*"：

①　J. Ray, *Catalogus plantarum Angliae*, London: Martyn, 1677, p. xi.

至于我在序言里承诺的植物的普遍方法——愿仁慈的读者知晓——我已经准备了一段时间，最近交到了至为尊敬的牧师、切斯特的主教约翰·威尔金斯博士手上，作为哲学图表（*Tabulae philosophicae*）的一部分，为的是那部杰出的关于普遍文字的著作（*Opere de Charactere universali*）……

在这几句话之后，约翰·雷转而赞扬上帝为"最可赞颂的作者"，谦卑地表示自己的工作无法与上帝的工作相提并论，因而

　　　……我们的这一方法，我想永远不能问世，而是要分别地（*seorsim*）做出。①

约翰·雷提到的约翰·威尔金斯（John Wilkins，1614—1672）是一位自然哲学和神学家家，提出了一种"普遍语言"（Universal Language）的设想，也即一种能够精确而普全地标记各种基本概念的人工语言。1668 年，他出版了《论真文字和哲学语言》（*An Essay towards a Real Character and a Philosophical Language*）一书，尝试性地提出了他的方案。约翰·雷也贡献了其中的"植物图表"（Tables of Plants）——威尔金斯将其称为"最

---

① 　J. Ray, *Catalogus plantarum Angliae*, p. 327.

为困难的植物图表"①，这种困难在于：

　　……其中有若干类的数量太过庞大，哪怕是熟稔于研究植物的人，想要完整地枚举（enumerate）它们，或者精确地排列（order）它们，也是一桩至为困难的任务，极易受到诸种例外的侵扰；特别是考虑到有时需要动用强力，来让事物遵循于它们所要被归约（reduce）进的这些图表的规则（institution）。②

　　这里的目的是"枚举"和"排列"，枚举的困难在于是否完备，排列的困难在于是否精确。此外，威尔金斯设想的图表还有一定的"规则"即既定的结构，这些规则成为了约翰·雷工作的难点。威尔金斯想用一种分类性的图式来表示事物，而为了图式的简单，他又希望分类的分支——他称之为"种差"（difference）——少而规则。威尔金斯的理想是划分的种差少于六个，每个种差内枚举的种少于九个，因此威尔金斯的工作方案实际上为这种分类设定了一个数量上的上限。然而，"在数量庞大的族类中，如草、木、无血动物（Exanguious Animals）、鱼和鸟；其中的变化太大，难以容纳到这样狭窄的范围之内"③。例如，对

----

① J. Wilkins, *Essay towards a Real Character and a Philosophical Language*, London: Gellibrand, 1668, p. ix.
② 同上书，第 67 页。
③ 同上书，第 22 页。

于鱼类，威尔金斯的图表中只列出了 9 个种差、87 个种 [1]——这个数量对于自然志家太过渺小了，文艺复兴时期的皮埃尔·贝隆在他 1555 年出版的《鱼的本性和多样》(*La nature et diversité des poissons*) 一书中就已经命名和描述了 320 种鱼。[2] 而对于数量更为庞大的植物，威尔金斯这种削足适履的规则使得材料的排布显得十分局促。因而，在植物方面，只能选择"最主要的族类，其他的则省略掉"，然而，尽管如此，

> ……也有不小的困难，因为它们数量太大，又要用确切的词汇去表达它们之间在形状、颜色、味道、气味等方面的细微种差，这些在建立了规则的语言 (instituted languages) 中还没有给它分配以特别的名称。[3]

由于威尔金斯确定的上限，植物的分类无法枚举一切的种，因而只能划分到各种族类 (families)，而哪些植物能被归为一类，又需要仰赖常识 (*Communis ratio*)[4]。在对植物进行划分之前，还需要建立描述植物的一套词汇表，为此，约翰·雷首先绘制了一

---

① 　J. Maat, *Philosophical Languages in the Seventeenth Century: Dalgarno, Wilkins, Leibniz,* Springer, 2004, p. 173.

② 　P. Glardon, *L'histoire naturelle au XVIe siècle: Introduction, étude et édition critique de* La nature et diversité des poissons *(1555) de Pierre Belon,* Genève: Droz, 2011, p. 17.

③ 　J. Wilkins, *Essay towards a Real Character and a Philosophical Language,* p. 67.

④ 　这里不是分类阶元"科"的意思。

个如下的术语图表，建立了一套术语系统：

- 季节：早或晚，春、秋、冬
- 持续性（Lastingness）：一年生或多年生
- 大小：高和矮
- 生长方式：直立、蔓生（Trailing）、爬行（Creeping）、攀缘、缠绕（Twisting）
- 生长地点：陆生——山地、沙地、石生、土生（Clay）；水生——海洋、河流、沼泽（Marish）、高地沼泽（Moorish）、低地沼泽（Fenny Grounds）
- 植物的各部分
  - 根：须根、球根、块根
  - 茎：实心或中空，光滑或粗糙，圆滑或有棱，有节或不分节
  - 叶
    - 表面：光滑、油质、反光、粗糙、具刺、具毛、具绒毛
    - 形状：圆或带角、宽或窄、长或短、锯齿形、波形等
    - 质地：厚且多汁、薄且干等
    - 颜色：两面同色或异色、有斑或无斑、深绿或浅绿
    - 数量：一、二、三等
    - 生长方式：单独、对生等

- 花
  - 形状：一体的花瓣、三瓣、四瓣、五瓣
  - 颜色：单色——红、黄、紫等；混色；条纹状等
  - 数量：一或多
  - 生长方式：单花的直立、悬垂等，多花的环生、穗状、伞形等
- 子房（Seed-vessels）：开或闭、中空或实心、其内种子的多少等
- 种子：圆、方、平、长、黑、白等
- 果实：梨果、浆果等
- 汁液：水状、胶状、乳浆状、黄色等 [①]

这一套术语非常重要。可以注意到，这种特征完全是植物形态上的。事实上，约翰·雷此前考虑过用实用目的来对植物进行划分：

　　我此前根据通常使用的目的，把草本的各类分成三个条目。① 为了娱乐，也即在花园中常为了它们的花朵、美丽或香味而培育。② 为了营养（Alimentary），人们将之用作食物，或者是用它们的根、叶或茎，或者是用它们的果实或种子。③ 为了药用，热或刺激的、冷或催人昏沉的、通便的、

---

① J. Wilkins, *Essay towards a Real Character and a Philosophical Language*, p. 68.

改变体质的（Alterative）、治疗外伤的。但是经过深入的考虑，我意识到，尽管这些条目看上去简易而通俗；但是他们并不是真正哲学性的（Philosophical），而是过多地取决于意见和各种时代与国家的习俗。[1]

　　正是利用这一套形态学的术语进行各种组合，约翰·雷绘制了若干"植物图表"。这些图表在原理上和扎卢然斯基与阿尔德罗万迪的图表类似，用大括号展开各"种差"，然后再进行细分，可以有多个层级。然而，约翰·雷的这些图表可以做得极长，有时一张图表可以占据数页，这是因为约翰·雷的分类标准很多，层层嵌套，实际上并不那么简明。仅就草本植物而言，约翰·雷就编纂了三套图表——根据叶的，根据花的，根据子房的。这每一套图表又是若干张表组成的。这里，把这些图表的目录列举如下，便可知其复杂：

- 根据叶考虑的草本
  - I. 不完全的草本植物
  - II. 禾草类的小麦类草本
  - III. 不被人用作食物的禾草类植物
  - IV. 具球根的禾草类草本
  - V. 与球根植物近缘的草本

---

[1]　J. Wilkins, *Essay towards a Real Character and a Philosophical Language*, p. 69.

VI. 圆叶草本

VII. 平弧状叶脉的（nervous leaves）草本

VIII. 肉质草本

IX. 根据叶表面或生长方式考虑的草本

- 根据花考虑的草本

    I. 具雄蕊花（stamineous flowers）的草本

    II. 具复合花而无冠毛的草本

    III. 具冠毛的草本

    IV. 具宽叶的伞形花草本

    V. 多小叶（finer leaves）的伞形花草本

    VI. 轮生的灌木状草本

    VII. 轮生的非灌木状草本

    VIII. 具穗状花的草本

    IX. 种子聚成一丛的草本

- 根据子房考虑的草本

    I. 具角状子房的草本

    II. 具蝶形花的攀缘草本

    III. 具蝶形花的非攀缘草本

    IV. 具长角果的非蝶形花草本

    V. 具蒴果的五瓣花的草本

    VI. 具蒴果的三或四瓣花的草本

    VII. 具钟形花的草本

    VIII. 具蒴果的非钟形花草本

IX. 具浆果的草本 [①]

上述每一个以罗马数字标记的条目，都代表一个冗长的、层级式的图表。这些图表内部，划分植物的标准也是十分混乱的。例如，对于"根据叶考虑的草本"中的"圆叶草本"表里，约翰·雷首先根据大小将此类草本植物分成较大的和较小的；对其中较大的，又根据生境分为陆生的和水生的；水生的特征又是有光滑的叶，这一类植物的叶子或者是浅绿但无锯齿的，或者深绿而有锯齿且生黄花的。如此结合地运用各种特征，使得这种图表极其繁复，有别于切萨尔皮诺那种标准齐一的分类方案。

尽管约翰·雷为制作这种图表花费了很大精力，然而他对这种划分并不满意（图3）。1669 年 5 月 7 日，他写信给英国自然志家马丁·利斯特（Martin Lister，1639—1712），为自己辩解，说这部书中的图表"模糊、充满错误而不完善"，并非他所设想的：

> 此外，在排列（*ordinandis*）它们（即"植物学图表"）时，我被迫未能遵从自然的引导，而是把植物适应于作者（指威尔金斯）预定的方法（*methodum*），这要求我把草本植物分成尽可能相等的三组（*turmas*）或三属（*genera*），再把每一组划分成九个他所谓的种差（*differentias*），也就是次级

[①] J. Wilkins, *Essay towards a Real Character and a Philosophical Language*, pp. 70-106.

70　　　*Herbs according to their Leaves.*　　　Part. II.

§. III,　HERBS CONSIDERED ACCORDING TO THEIR LEAVES,
may be diftinguifhed into fuch as are
Imperfett ; which either do want, or feem to want fome of the more ef-
　fential parts of Plants, *viz.* either Root, Stalk or Seed.　I.
Perfett ; having all the effential parts belonging to a Plant, to be diftin-
　Fafhion of the leaf ; whether　　　　　　　　　(guifhed by the
　Long ; as all Gramineous herbs, having a long narrow leaf without
　　any foot-ftalk.
　Not flowring ; (i.) not having any foliaceous flower.
　FRUMENTACEOUS ; Such whofe feed is ufed by men for
　　food, either Bread, Pudding, Broth, or Drink.　II.
　NOT FRUMENTACEOUS ;　III.
　Flowring ; Being of
　BULBOUS ROOTS ; Having no fibers from the fide, but only
　　from the Bottom or the Top ; whofe leaves are more thick,
　　undivided, fmooth-edged, and generally deciduous.　IV.
　AFFINITY TO BULBOUS ROOTS ;　V.
　ROUND ;　VI.
Texture of the leaf ; being either
　NERVOUS ; having feveral prominent Fibers.　VII.
　SUCCULENT ; having thick juicie leaves, covered with a clofe
　　membrane, through which the moifture cannot eafily tranfpire,
　　which makes them continue in dry places.　VIII.
SUPERFICIES of the Leaf, or MANNER of Growing.　IX.

I. IMPER-
FECT
HERBS.
1. IMPERFECT HERBS may be diftinguifhed into
Terreftrial ; whether
　Moft imperfett ; which feem to be of a fpontaneous generation.
　Having no leaf,
　With a Stemm and Head ; the *Greater* or the *Lefs.* The later of
　　which hath by Mr. *Hook* been firft difcovered to confift of
Fungus.　　fmall ftemms with little balls at the top, which flitter out when
Mucor.　1. MUSHROOM, *Toadftool, Fungus, Touchwood, Spunk.* (ripe.
　　MOULD, *Horinefs, Vinnewd.*
　Without a Stem, of a roundifh figure ‖ growing either *in the ground,*
　　being efculent, & counted a great delicate: or *on the ground,* being
Tuber.　　STRUBS, *Trufle.* (when dry) full of an unfavory hurtful duft.
Fungus pulve-　2. FUZBALL, *Puchfift.*
rulentus.　*Having a leaf* ; being generally *deeper* then other plants and *curled,*
　　growing in fuch barren places where no other plants will thrive,
　　‖ either that which grows, both on the *ground,* and *on walls and*
　　trees, of which there are great varieties : or that which grows
Mofchus.　　MOSS.　　　　　　(only *in moift grounds and fhady places.*
Lichen.　3. LIVERWORT.
　Lefs Imperfett ; being counted Infœcund, whofe feed and flower (if
　　there be any) is fcarce difcernable, commonly called *Capillary*
　Have feveral leaves ;　　　　　(*Plants,* whether fuch as
　Divided ;
　Doubly ; or fubdivided,
　Greater ; of a *brighter* or a *darker* green, the latter being lefs and
Filix.　　FEARN, *Brake.*　　　　　　(more finely cut.
Dryopteris.　4. OAK-FEARN.
　Leffer ; either that which *grows* commonly *on walls and dry pla-*
　　　　　　　　　　　　　　　　　　　　　　　ces,

图 3　《论真文字和哲学语言》中约翰·雷所做的图表

的属（*genera subalterna*），这样的话，每个种差下的植物不能超过一个固定的数目；最终我要把成对的植物组合起来，或把他们排成对。这样一种方法，怎能希望它令人满意而不流于极端不完善和荒谬呢？我坦然承认它就是如此，因为我关心真理，胜于我关心自己的名誉。[1]

尽管约翰·雷在这里显得在激烈地拒斥威尔金斯的 *methodus*，但有理由说，威尔金斯对约翰·雷留有不小的影响。约翰·雷所拒绝的不是威尔金斯呈现分类图式的方法，而是威尔金斯对"种差"数量的过于僵硬的限制。事实上，如果翻看威尔金斯书中的"植物图表"和此后约翰·雷发表的《植物新方法》，会发现它们的组织形式有明显的相似性。约翰·雷毫无疑问地把一种更加合理的 *methodus* 视为自己的目的，希望能使之完善。在此封书信后不久，1670 年 4 月 28 日，约翰·雷再次致信马丁·利斯特，再次提到威尔金斯的这种计划：

> 下一周，我们可盼来米德尔顿（Middelton）的切斯特

---

[1] *The Correspondence of John Ray, Consisting of Selections from the Philosophical Letters Published by Dr. Derham, and Original Letters of J. Ray, in the Collection of the British Museum*, pp. 42-43. 原信用拉丁语写作。熊姣曾根据查尔斯·E. 雷文（Charles E. Raven，1885—1964）对此信的英文节译而译出了部分译文，可见熊姣：《约翰·雷的博物学思想》，第 201 页。然而，雷文的译文在术语上做了一些他认为的同义替换。例如，将约翰·雷原文的 *methodus* 一词替换为"系统"（system），见 C. Raven, *John Ray, Naturalist: His Life and Works*, Cambridge: Cambridge University Press, 2009, p. 182。

主教（即威尔金斯），他希望我们能够帮助他修改和增补他的自然志图表。而您知道，想要制作出精确的哲学性的（philosophical）图表，是一桩颇为困难的事情——如果不说它是不可能的话；若要使之可被容忍，需要非常的勤奋和经验，这项工作足以让一个人耗费一生，因此我们需要从我们的友人那里求得一切襄助，特别是我们还不能自由地遵从自然，而被迫要歪曲事物，以服务于一种文字所需要的设计。您会说，这一切是为了何种目的呢？是要为这种强人所难的事情而找借口，以乞求您的蜘蛛图表，这是我热切期望您能尽快给我们寄到米德尔顿的；尽管它可能不像您所设想的那样完善，但是它已很完善了（……）[1]

尽管约翰·雷对威尔金斯的计划仍然颇有微词，但是结合前面关于约翰·雷认为自己的 *methodus* 不能一次性完成，而只能分别做出的引文，这令人容易想到，约翰·雷所说的"耗费一生"云云与其说是对威尔金斯的质疑，毋宁说是约翰·雷本人出于宗教理由的谦逊。特别是，他在此并不否认图表的作用。这种制作图表的工作，约翰·雷本人称之为"方法化"（methodize）。《植物新方法》出版两年后的 1684 年 2 月 11 日，约翰·雷给汉斯·斯隆写了一封信，讲述他自然志著述的缘由，对自己的动机

---

[1] *The Correspondence of John Ray, Consisting of Selections from the Philosophical Letters Published by Dr. Derham, and Original Letters of J. Ray, in the Collection of the British Museum*, pp. 55-56.

做了十分清晰的说明，信中写道：

> 然而，我的目的不是要取代那些被人们认可的植物学作者，我尝试进行这项工作的理由是这样的——① 满足某些朋友的强求，他们恳求我做这样的工作。② 为青年学生阅读和比较其他草木学家（herbarists）提供一点帮助，修正其中的错误，揭示晦暗不明的地方，解开那些迷惑和纠结的东西，翦除那些多余的东西，或者说那些在不同题目之下被重复的东西，以求清晰（distinct）。③ 减轻花销上的负担，以便不用购买那么多图书；为此目的，我希望能枚举（enumeration）一切被描述和发表过的种。④ 使研究植物变得更加容易，在有需要的情况下，不用向导或解说者也可以研究植物，方法是把它们方法化（methodize），并且对各属给出确定和明白的特征（characteristic notes）。这样，任何人只要关注这些特征和描述，便不会有任何困难，可以毫无谬误地搞清楚任何交给他的植物，特别是在有图片帮助的情况下。①

现在已经难以确定，约翰·雷所谓"某些朋友的强求"，是否是威尔金斯及其友人。但是，显然在这里，约翰·雷已经进而为自己的自然志理想而工作。"对各属给出确定和明白的特征"的

---

① *The Correspondence of John Ray, Consisting of Selections from the Philosophical Letters Published by Dr. Derham, and Original Letters of J. Ray, in the Collection of the British Museum*, pp. 139-140.

著作，和他在《英国和邻近诸岛植物名录》中他所称的"带有各属的特征的一切植物的普遍方法"说的是同样的事情。而在《英国和邻近诸岛植物名录》最末的附录中，约翰·雷已经说明，那种"一切植物的普遍方法"正是交给威尔金斯的那一种"植物图表"。换句话说，威尔金斯式的图表也正构成了约翰·雷工作的理想产物——尽管要去掉威尔金斯本人所作的"种差"数量上的限制。可以肯定地说，"方法化"已经成为了约翰·雷最重要的自然志工具和自然志工作的纲领。

有植物学家曾经注意到约翰·雷的"方法化"一语，如美国植物学家劳伦斯·R. 格里丰（Lawrence R. Griffing）曾引述了上述引文的一部分，随后提出"'方法化'所指的可能是制作一种二歧分类系统"[①]。我们认为，分类系统的确是约翰·雷对植物进行"方法化"的一种产物，然而，构造分类系统并不能涵盖"方法化"和 methodus 的全部含义。"方法化"和 methodus 的一个基本含义是制作图表，并且事实上，在约翰·雷在《植物新方法》中所作的这种图表并不总是二歧的。在这里，我们要强调的是约翰·雷 methodus 这一概念的视觉化特征。

在回顾了上述漫长的《植物新方法》写作前史之后，这里应当可以总结《植物新方法》书名中 methodus 的含义了。这种 methodus 的含义继承了文艺复兴时期自然志家的那种可视化的

---

① L. R. Griffing, "Who Invented the Dichotomous Key? Richard Waller's Watercolors of the Herbs of Britain", *American Journal of Botany*, vol. 98, no. 12, 2011, pp. 1919-1920.

methodus，同时也是约翰·雷本人对威尔金斯普遍语言研究计划的一种延伸。在概念上，作为"排列"的 *methodus* 和"划分"本来并不可以完全等同，然而，继承了威尔金斯的思想遗产后，约翰·雷理想中的 *methodus* 已经是一种进行划分的、可视的图表，也即理想的"排列"包含了"划分"，理想的 *methodus* 成为了对 *divisiones* 的呈现。如果翻开约翰·雷的整部《植物新方法》，会发现其正文部分几乎没有任何成段的文字，而绝大部分篇幅都是由威尔金斯式的图表所构成的——这是关于约翰·雷所理解的 *methodus* 概念含义的最好证明。

在展示《植物新方法》中的具体 *methodus* 图表之前，我们首先对该书的"致读者序"做一次解读。同数理科学不同，自然志著作并不总是详尽地讨论理论性或方法论的问题，自然志著作的主体部分常常是对诸种经验材料的收集、描述和展示。而一部著作如果有长篇的序言或导言，那么这常常是研究者了解自然志家本人思想的重要史料。而约翰·雷在写作《植物新方法》时，附上了一篇长达十页的恳切的序言。由于这是约翰·雷自己公开出版的著作所附带的，因此是对自己自然志工作的正式宣告，值得研究者加以专门的研究。

在序言的开篇，约翰·雷这样写道：

　　由于植物的数量无穷，其变异（*varietas*）又难以掌握，因而在学习植物学的学生心中产生了不少迷惑，而若想要清晰地理解植物、有成效地教授植物、忠实地记忆植物，没有什么比仔细地把植物摆列进它们自己的属——首先是最高的属，其次是次级的属——更加能引导人了。我想我或可为对植物学（*Phytologia*）感兴趣的人，特别是初学者，做一点不致厌恶也不无助益的事情——假如我履行我很久以前的承诺，做出一种**植物的普遍方法**（*Methodus Plantarum generalis*）的话；这也是很多人希望我做的。然而，亲爱的读者，请勿期待能找到一种完全完成的、有着数学式精确的**方法**，能够把植物排列到各属，同时一切的种不留异常或例外；也请您不要期待每个属都可被特性和特征界定好，以至于没有哪个种会共享多于一属的特征。因为，这是自然所不允许的……

我也不敢承诺一种比事物的本性（*natura*）所能容许的还要更加完善和精良的方法。因为这不是一个人的一生所能完成的事情，只可以尽可能精确地利用手头的东西来做，而这些东西当然不能完全适合于这样的事业。因为我本人就不能够检视目前所发现的所有的植物的种，遑论再去描述它们了；我又生活在乡村，远离伦敦和剑桥，我的身边也没有植物园，能让我研究那些我所不充分了解的植物，我也没有什么闲暇或能力，能去采集、购买和培育植物：而植物学家所做的植物描述常常又是不完整的，对关键的部分，他们常漏掉或描述得不那么认真，例如属的标记（*generum indices*）、花和种子、花萼和子房（*conceptaculi*），在我摆列植物时，我偶尔也被迫遵从一些可能的假说，提出我怀疑有此可能的东西，而非我所确定地知道的东西。①

可以注意到，"清晰地理解植物、有成效地教授植物、忠实地记忆植物"这三种功能，正是阿尔德罗万迪所代表的文艺复兴时期对自然志中 *methodus* 的理解。然而，约翰·雷比阿尔德罗万迪更加明确和具体。这里"植物的普遍方法"（*Methodus Plantarum generalis*）已经是一种典型的分类，要求一种植物有特定的属，且"属"也有层级性，有"最高的属"和"次级的属"。换句话说，这种"摆列"（*dispono*）活动所产生的是一种以分类学筹划为背景的 *methodus* 图式。

> 我还应叙述一下这部著作的理据（*ratio*）。开始我遇到了三种摆列植物的合适方法。第一种，是根据植物生长的不同地点。第二种，是根据人类怎样利用不同的植物于饮食、医药、化妆和劳作。第三种，是根据植物主要部分的相似性（*similitudo*）和趋同（*convenientia*），如根据根、花和花萼、种子与子房。
> 其中，第一种应当根据两种考虑而拒斥。首先，它混淆了植物的属，把相关联的植物（*cognata*）分离开，而异类的（*disparata*）聚在一起；其次，有些植物在各处都生长，不拒

---

① J. Ray, *Methodus plantarum nova*, London: Impensis Henrici Faithorne & Joannis Kersey, 1682, pp. iii-vi. 黑体字是约翰·雷自己加的。

绝任何种类的土壤和任何量度的阳光。

第二种方法也应被拒斥，因为它同样犯了把相关联的植物分离而把相异植物聚合的错误。[1]

这里再次遇到了约翰·雷早在《剑桥郡植物名录》中就已经十分反感的理由：相关联的植物被分离开，而相异的则系于一处。然而，如果这里稍作停留，就会发现当约翰·雷这样说时，表明的是他在进行分类或者"摆列"之前，心中已经有一种何种植物应当属于同一类的观念。表面上，约翰·雷有一种衡量分类或 *methodus* 是否恰当的标准，但这个标准约翰·雷并未给出什么是"相关联的（植物)"（*cognata*）明确的定义，或者毋宁说这是循环定义的：非出于形态根据而划分的类群是不"相关联的"，因为"相关联的"是根据植物形态划分出来的。这里需要指出的是，约翰·雷身上也存在着一种根深蒂固的视觉倾向——植物的人为用途，是视觉难以把握的；而植物生长的地点，超出了用视觉观察植物本身时所能获得的信息。例如，植物学家注意到一种植物在河岸边生长，但这种植物很可能广布于各种生境，仅就这一视觉观察的材料是无法得出后者的，因此不适宜作为分类的特征。关于第三种方法，约翰·雷继续写道：

而第三种是最好的，也是同自然本身最相符合的，这种

---

[1]   J. Ray, *Methodus plantarum nova*, p. vii.

方式（*modus*）是至为有探求精神的植物观察家安德烈·切萨
尔皮诺所使用的。就我所知，他是第一个仔细地把植物区分
为属和类（*classes*）的人，根据的是种子和其从花而来的室
的数量，以及种子的核心的位置（也就是芽所肇端的地方）。
至于为何我不同意它和不使用它，我附上了这一方法的纲要
（*Synopsis*）和我的理由。然而，我坦承，我对这位作者所欠
颇多，我也常常利用他的观察来构建和安排我的方法。当我
决意研究构成各属的特征和特性时——这必定适用于每一个
种——我决定不仅考虑种子和子房，还要考虑花和花被，它
们有时可以提供比种子和子房更多的特性。因此，我部分地
根据种子和子房的数目、形状、位置等，部分地根据花和花
被的在这种或那种偶性上的趋同，来分出构成属的种差，同
时也不忽视叶在茎上的位置，这有时也是有用的，例如在将
轮生类（Verticillatae）区分于糙叶类（Asperifoliae）时。[①]

约翰·雷所说的他做的切萨尔皮诺方法的纲要，见于《植
物新方法》一书的末尾，可以视为是该书的附录，题目为"安
德烈·切萨尔皮诺使用的摆列半灌木和草本的方法的纲要"
（*Synopsis Methodi qua in Suffructicibus & Herbis disponendis utitur
Andreas Caesalpinus*）[②]。这份纲要首先以提要的方式介绍了切萨尔

[①]　J. Ray, *Methodus plantarum nova*, pp. vii-viii.
[②]　同上书，第 161 页。

皮诺书中关于半灌木和草本植物的各卷及其中的分类方案，随后，约翰·雷绘制了一份层级式的树形图表，形式和阐述自己的方法时一样。值得注意的是，约翰·雷的视觉化倾向在这份纲要中是双重的。一方面，*methodus* 的表达是要通过可视的图表来进行的；另一方面，在对切萨尔皮诺进行理论批评时，约翰·雷强调分类标准的选取也应当是视觉上容易观察的那些特征。具体说来，约翰·雷反对切萨尔皮诺有两条理由：

> 这种方法之所以成问题，是因为两点主要的理由。第一，特征不足够明显，在很多种中，它们不能容易地观察到，因为种子和子房太小。
>
> 第二，这种方法把相关联的植物分开，把歧异的放在一起。例如，他把豆类分开了，而豆类有一个确定而重要的特征是蝶形花。而有一些豆类在一室内只有一粒种子，如驴食草（*Caput gallinaceum*）和多种车轴草（*Trifolium*）；但是其他一些豆类有两室，每室内有多粒种子。同样的情形，发生在具四不宿存花萼的四瓣花类上：有一些是只有一粒种子的，如芸苔（*Brassica*）和一些野甘蓝（*Rapistrum*）的种，而另一些在单个隔室（*loculamentum*）里有多粒种子；还有的有两个隔室，在每个小室中只有单粒种子。即便在同一个次级属中，例如罂粟（*Papaver*），有一种的种子隔室是单一且只有一粒种子的，而另有一种分出两个隔室，中间有膜隔开，还有分出三个或四个隔室的，另外还有的隔室数量不定，可多至

12 或 15 个。

　　最后，形状和花以及它们的各部分，以及一些属的偶性显示了特定的特征，而这些种在隔室数量上和种子的数量上都不趋同，正如我在生有角果和生有蝶形花的四瓣花类中展示过的那样。[①]

　　围绕这段引文，曾经有一段分类学史上的公案，争论的问题是约翰·雷和切萨尔皮诺究竟是何种关系。斯隆认为，约翰·雷在《植物新方法》序言中对切萨尔皮诺的赞扬，表明他对切萨尔皮诺代表的亚里士多德主义的认同，然而在实际分类学工作中，又未能保持这一立场[②]。而英国生物学家亚瑟·凯因（Arthur Cain，1921—1999）则指出了书后附录中对切萨尔皮诺的评论，认为约翰·雷自一开始就反对切萨尔皮诺的分类原则[③]。然而，不论是凯因还是斯隆，都认为约翰·雷的基本立场（或至少经过思想转变后的立场）是肯定"偶性"在分类中的作用，反对依靠切萨尔皮诺那种亚里士多德式的"本质"。这是此前曾经提到的分类学史中"本质主义叙事"的表现。在这种叙事下，凯因等人也对约翰·雷的若干哲学思想的发展做了极有价值的考证。但是，如果进一步审视约翰·雷植物分类活动本身，会发现一些"本质主

[①]　J. Ray, *Methodus plantarum nova*, p. 164.

[②]　P. R. Sloan, "John Locke, John Ray, and the Problem of the Natural System", p. 32.

[③]　A. J. Cain, "John Ray on 'accidents'", *Archives of Natural History*, vol. 23, no. 3, 1996, pp. 362-363.

义叙事"难以解释的地方。例如，翻译了约翰·雷《植物通志》
（*Historia plantarum generalis*）的伊丽莎白·M. 雷津比（Elizabeth
M. Lazenby）指出，"雷最终的分类系统，像切萨尔皮诺的系统
一样，是根据对'本质特征'（essential characters，*differentiae* 或
notae characteristicae）的观察而做出的；这些特征应当基于植物
的主要部分，也就是花、花萼、种子、子房。他拒斥了偶性特征
（accidental characters，*accidentiae*）……"①。似乎根据约翰·雷
本人的文献材料，既能构造出一个"本质主义"的约翰·雷，也
能还原出一个"反本质主义"的约翰·雷。我们在这里提出另一
种思路，支配约翰·雷遴选合适的分类特征的主要思想，与其说
是"本质主义"与"反本质主义"的交战，不如说是他有一种视
觉优先性的思想，也即是说，理想的 *methodus* 所根据的，首先应
当是视觉所能在植物体上能够容易地加以确切把握的特征。这里
可以重审一下上述约翰·雷评论切萨尔皮诺的引文。不难看到，
这里约翰·雷并没有攻击切萨尔皮诺那种亚里士多德主义的灵魂
学说——甚至在他的评论中，根本没有出现"灵魂"或"本质"
等字样。换句话说，约翰·雷并没有深究和攻击切萨尔皮诺本人
分类方案的哲学依据，而是集中于切萨尔皮诺选择的特征"不够
明显"和难以观察到。约翰·雷的第二点反驳，也可以理解为视
觉所把握的特征在整体上的相似性，应当优先于视觉所把握的个别

---

① E. M. Lazenby, *The* Historia plantarum generalis *of John Ray*. Diss. Newcastle University, 1995, p. 841.

特征。例如，两种罂粟在整体上的相似性，比它们在果实结构上的不相似性更为"可见"或"显见"。约翰·雷不是用"偶性"征服了"本质"，而是让"不可见"或"不易见"屈从于"可见"。这和他理解的视觉化的 *methodus* 概念，有着内在的相通——约翰·雷希望输入稳定的可见的材料，产生可见的结果。这是文艺复兴时期以来自然志科学的一个根本趋向。

二　图尔内福的《植物学原本，或认识植物的方法》

（一）图尔内福《植物学原本》的出版和研究

约翰·雷最大的论战对手是法国植物学家图尔内福。然而，关于图尔内福的专题科学史研究却极少。其中，最为重要的是法国国家自然博物馆（Muséum national d'Histoire naturelle）于 1957 年出版的文集《图尔内福》(*Tournefort*)[①]。事实上，这也是"唯一一本全面处理图尔内福传记和科学成就的著作"(缪勒－维勒语)[②]。这本书是法国植物学家罗日·埃姆（Roger Heim，1900—1979）主编的"法国伟大自然志家"(*Les grands naturalistes français*)丛书中的一本，是为了纪念图尔内福诞辰三百周年而编

[①]　R. Heim *et al.*, *Tournefort*, Paris: Muséum national d'Histoire naturelle, 1957.

[②]　S. Müller-Wille, "Systems and How Linnaeus Looked at Them in Retrospect", p. 306.

辑的。对于图尔内福的分类学成就，这本书中法国植物学家让-弗朗索瓦·勒鲁瓦（Jean-François Leroy，1915—1999）贡献的"图尔内福与植物分类"（Tournefort et la classification végétale）一文是这一问题的经典之作。然而，这篇文章对于图尔内福和雷的争论并没有专门的回顾（只有个别的零星评论），也没有触图尔内福植物分类方案的细节。

　　这里将对图尔内福的《植物学原本，或认识植物的方法》（*Élémens de botanique, ou méthode pour connoître les plantes*）一书的若干部分进行文本上的研究。这本出版于 1694 年的著作是图尔内福最主要的成就，分为三大卷。图尔内福在为自己的这本书命名的时候，也因此是十分考究的。《植物学原本》法文题名中的 élémens 一词，据称是为了向欧几里得的《几何原本》（法文书名：*Élémen[t]s*）做隐晦的（implicit）致敬 ①。虽然图尔内福本人似乎并未明确提到这种联系，但是在 18 世纪的法国读者眼中，图尔内福植物学著作中的 élémens 一词，和欧几里得的《原本》的确所共享的是同一含义。由耶稣会士编辑的、记录 17 世纪法语用法的《特雷乌词典》（*Dictionnaire de Trévoux*）中，这样解释 élémens 一词："做复数时，指的是科学的原理和基础。"并把欧几里得和图尔内福并列作为典型的例子："如果想要学习几何学，就应当了解欧几里得的《原本》"，"图尔内福的植物学《原本》，则包含了把

_____

① A. Stroup, *A Company of Scientists*, Berkeley: University of California Press, 1990, p. 222.

所有植物归约（réduire）到特定的属，并把属分配到特定的目的方法（méthode）：这本书十分出色，无愧于它从一切有识者那里收到的赞誉"。[1]1700 年，图尔内福又出版了《植物学原本》的拉丁文译本，题名为《植物学大纲》(*Institutiones rei herbariae*)。题目中的 *institutiones* 可以解作两种含义，一种含义是"排列、摆列"，同时也可以是"教育、教学"的意思。这本书的内容事实上也符合于这种双关含义，整本书讲授的是植物的分类，一方面是图尔内福精心的理测性排列，另一方面是出于教学目的的编排。1700 年的拉丁文译本对 1694 年的法文本有所增补，因此也具有独立的研究价值。在本节中，我们将采取一种文本细读的方式，对图尔内福的这部著作进行解读，以探求图尔内福眼中理想的"方法"是什么样的，以及他的分类方案又是如何呈现的。我们将对照地引证法文和拉丁文两个版本，做一种混合的解读，这是因为这两个版本的《植物学原本》并不完全一致，在论述的侧重上各有短长，根据讨论的不同主题，我们将灵活地选择其中内容最为完善和充实的版本。

（二）图尔内福《植物学原本》中的植物分类方法

图尔内福《植物学原本》的开篇，是一篇论述他对植物学理解的长篇导言。这篇导言在法文版中称为"植物学的一般观念，

---

① *Dictionnaire universel françois et latin*, Tome 3, Paris: La Compagnie des Libraires Associe's, 1721, p. 613.

附这门科学的简史"（Idée generale de la Botanique, avec une Histoire abregée de cette Sience），在拉丁文版中称为"植物学导论"（*Isagoge in rem herbariam*），这两篇文本的内容是基本一致的，其中除了论述图尔内福对于植物学的最一般理解之外，还叙述了植物学的历史，以及他对于自己分类方法的一些思考。在图尔内福看来，植物学分为两部分："首先，在于精确地认识植物（*in recta plantarum cognitione*），其次，在于更好地使用它们。"[①] 这里"精确地认识植物"就包括了命名法和分类：

> 认识植物，这看来不是别的事情，而是掌握那些确切地施与（*imposita*）给它们的名称：在这门技艺中（*in hac arte*）应当选择一些结合于它们的各部分结构的认识，这又来自于其特征（*nota propria*），或者愿意的话，也可以称为植物的χαρακτήρ。不论在何种情况下，特征的观念（*idea*）和每种植物的名称都应当彼此结合在一起，绝不能分开——不能把两个名称应用到同一个种上，也不能把两个种用同样的名称，如果不赞成这样的学说——即草木之学应当无秩序地构造，那么，就应当考虑长久地对这门学问加以研习。[②]

这里图尔内福提出了特征（*nota propria*）是植物定名的依据。

①   J. P. Tournefort, *Institutiones rei herbariae*, Tomus I, Paris: E Typograpia Regia, 1700, p. 1.

②   同上书 I，第 1 页。

图尔内福所谓的特征"本质地（essentiellement）将一种植物区分于其他的植物"[1]。"本质"这个词此后又出现在图尔内福进一步的论述中：

> 可以无惧地说，在这一基础上认识植物，便是与我们工作相符合的全部事情（tout-à-fait）。不可思议的技艺（art），以及人们在解剖（植物的）各部分时——其不同的结构便是每种植物的本质特征（le caractere essentiel）——发现的无数变异（les varietez）令人愉悦地满足了从事于此的人们的好奇心（……）[2]

进一步可以看到，所谓"本质特征"是植物结构的"可感知"的部分，这种"可感知性"并不限于植物的外在部分：

> 通过检视植物可感知的各部分（les parties sensibles），我们可认识其本质特征，我们还从事一些解剖的手段，以便能认识它们的内在部分。[3]

然而，这里图尔内福还不是在直接处理植物分类学的问题。

---

[1]　J. P. Tournefort, *Élémens de botanique, ou méthode pour connoître les plantes*, Paris: De l'Imprimerie Royale, 1694, p. 1.

[2]　同上书，第 2 页。

[3]　同上。

对植物名称的确定在某种意义上是先于分类的。在分类之前，首先需要一种以植物名称为代表的对植物的基本理解，作为分类的基础：

> 因此自然的秩序（l'ordre naturel）要求研究植物应当从对它们名称的研究开始。我们在这部著作中所要陈说的，也正是从植物学的这一部分开始。①

图尔内福认为，植物的名称应当符合常用的用法和简单。应当指出，这一点是十分重要的，因为这说明图尔内福所要面对的不是各种"单个的特殊物"（the particulars），如某一棵树、某一株草，而是一种业已经过命名法预先处理的"种"，是某一"种"树和某一"种"草。作为图尔内福植物大厦的砖石的，正是这样的已事先做出一定划分的自然物。在这之后，图尔内福才提到了"方法"：

> 如果采用了方法（métode），那么对植物的研究便不会使想象力（l'imagination）劳累。如果养成了观察本质部位（les endroits essentiels）的习惯，那么它们的外形（figures）可简单地呈现于精神（l'esprit）。②

---

① J. P. Tournefort, *Élémens de botanique, ou méthode pour connoître les plantes*, p. 3.
② 同上书，第 4 页。

　　图尔内福的"方法"和前文提到的"本质部位"或"本质
特征",看来有一种关联。在处理杂多的感性材料时,需要某种
"方法"的佐助,这种方法的结果是简单性。在这里,可以发现文
艺复兴时期人文主义者对 *methodus* 的理解确乎影响到了图尔内福。
拉丁文版的《植物学大纲》中,在类似意思的句子里,métode 也
会对应为拉丁语的 *via*——例如,可以读到这样的句子:"想要更
好地显示出,植物学应当通过 *ratio* 和 *via* 进行教授和学习,就应
当对它的各个时代做一总结……"① 从吉尔伯特等人的研究我们已
经知道,把 *methodus* 和 *via* 当作同义词或近义词,并理解为教学
法和"捷径",这是文艺复兴时期的特点。然而,在某些方面,图
尔内福又和扎卢然斯基代表的拉穆斯主义倾向以及约翰·雷不同,
在他的《植物学原本》中,并没有层级式的图表,次级分类也不
是二歧的。事实上,图尔内福在分类学上的观点在两个方面接近
于切萨尔皮诺:第一,在陈述方式上,并不刻意追求图表;第二,
在分类的标准上,图尔内福主要根据的是植物的结实器官。然而,
虽然图尔内福在某些方面接受了切萨尔皮诺思想的若干要素,但
对这些要素又加以了改造。他并不是切萨尔皮诺的卫道士,而是
介于切萨尔皮诺和约翰·雷之间的一种立场,或者说,是"约
翰·雷式地"改造过的切萨尔皮诺。

　　在《植物学原本》中,图尔内福有一节的题目名为"应当如

---

　　① J. P. Tournefort, *Institutiones rei herbariae*, Tomus I, p. 2.

何建立植物的属"（Comment on doit établir les genres des Plantes）。在这一节，图尔内福陈述了他使用花、果实、种子作为植物分类标准的原因。然而，和其他自然志家有所不同，图尔内福没有把这种分类原则仅仅追溯到切萨尔皮诺，而是将其归为格斯纳的贡献。切萨尔皮诺只是作为格斯纳之后的另一来源而出现的[①]。图尔内福引述了一段格斯纳的话：

> 植物的特征在果实、种子和花上，要比叶更加可感知（sensibles）。正是凭借于这种手段（moyen），我重新认识到，豚草（l'Herbe aux poux）、翠雀（le Pie d'alouette）和乌头（l'Aconit）是同一属。[②]

这里不去考究图尔内福对格斯纳的译述是否恰当——我们假定图尔内福想说的是自己的理由。值得注意的是，图尔内福的理由却不是某种内在的"灵魂"，而是在于"可感知性"。这和我们前文所引的"通过检视植物可感知的各部分，我们可认识其本质特征"是一致的。这种"本质特征"毋宁说是"最可感知的特征"。这种倾向是和约翰·雷的视觉优先性思想相一致的。

具体的分类方案上，如林奈所评述的那样，图尔内福在植物

[①] 斯隆也注意到了这一点，见 P. R. Sloan, "John Locke, John Ray, and the Problem of the Natural System", p. 41。

[②] J. P. Tournefort, *Élémens de botanique, ou méthode pour connoître les plantes*, p. 17.

高级分类阶元的分类上"是花冠论者，他（进行分类是）根据花的花托的规则性、形状以及花托的两种位置"①。而对于这种分类特征的选取，图尔内福做了这样的评述：

> 我用一句话来说，在建立纲（*classes*）时，应当仅仅使用花，这是植物学的基础和钥匙……回到我的论点，这种完全采用花来认识植物的方法最为确定和简短……②

这里的"确定"，实际上联系着"可感知"的特征。这种"可感知"的特征并不是一切可以知觉的东西。图尔内福在对花进行分类的过程中，并未采用嗅觉、味觉等知觉上的特征，而完全依靠的是外部的几何上的形态。而对 *methodus* 的"简短"要求，则容易让人联想到文艺复兴时期的 *methodus* 概念的影响。在这两种动机之下，图尔内福将植物按照花的外形分成了"简单花类""复合花类"和"乔木类"之下的 22 个"纲"。这些纲可以列举如下③：

简单花类（Simplices）　　钟形纲（*Campaniformes*）　　　　1.

① C. Linnaeus, *Philosophia botanica*, p. 23.

② J. P. Tournefort, *Institutiones rei herbariae*, Tomus I, p. 67.

③ 图尔内福的著作中，对于这些"纲"常常按照"第一纲""第二纲"等顺序来称呼，并无简短的名称。这一表格选自林奈《植物学哲学》，见 C. Linnaeus, *Philosophia botanica*, p. 23。

	斗形纲（*Infundibiliformes*）	2.
	异态纲（*Anomali*）	3.
	唇形纲（*Labiati*）	4.
	十字花纲（*Cruciformes*）	5.
	蔷薇纲（*Rosacei*）	6.
	伞形纲（*Umbellati*）	7.
	石竹纲（*Caryophyllaei*）	8.
	百合纲（*Liliacei*）	9.
	蝶形花纲（*Papilionacei*）	10.
	异态纲（*Anomali*）①	11.
复合花类（Compositi）	小花纲（*Flosculi*）	12.
	半小花纲（*Semiflosculosi*）	13.
	放射纲（*Radiati*）	14.
	无瓣纲（*Apetali*）	15.
	缺花纲（*Flore carentes*）	16.
	缺花果纲（*Flore fructuque car.*）	17.
乔木类（Arbores）	无瓣纲（*Apetali*）	18.
	柔荑花纲（*Amentacei*）	19.
	单瓣纲（*Monopetali*）	20.
	蔷薇纲（*Rosacei*）	21.
	蝶形花纲（*Papilionacei*）	22.

---

① 解释与第三纲的不同。

*　　　*　　　*

　　通过上文的叙述，这里可以指出在"分类学之战"中约翰·雷和图尔内福的异同让所在。图尔内福和约翰·雷的共同点在于，他们面对的都是文艺复兴时期自然志家所遗留下的材料——在分类方面，主要面对的是切萨尔皮诺；同时，他们都接受了将可见的、稳定的外部形态特征作为构造 *methodus* 的依据。约翰·雷和图尔内福所争论的在于，应当选择何种形态特征来作为分类的标准，这也代表 17 世纪下半叶自然志科学的典型特征。在随后的 18 世纪，林奈以新的高度重新审视了这种 *methodus* 之战，并在 *methodus* 和 *systema* 的名下发展出了一种新的分类学原则。

第四章　林奈的 *systema* 概念

　　林奈在生物学史中的地位一向是崇高的。然而，也正是因为这种崇高的地位，林奈常常被描绘为一个横空出世的人物，林奈与他之前的自然志家的思想联系常常被模糊地带过。正如导言里已经讨论的那样，这一倾向在现有的分类学史研究中表现得十分明显。我们讨论林奈分类学工作的基本进路则是，首先根据林奈自己的表述，确定林奈如何在自然志学科的共同体中为自己定位，以此为出发点讨论林奈的分类学工作。可以看到，林奈在术语的使用上，同他的前辈具有某种连续性——林奈仍然使用着 *methodus* 这一术语。但同时，林奈的确又对过去的自然志研究进行了前所未有的改造，这种改造体现在两个方面——首先是在分类学内部，林奈以"系统"（*systema*）为名，为自然物的分类提出了一种新的理想；其次是林奈也对整个自然志科学提出了新的构想。这在概念术语层面上的反映即是 *methodus* 裂变出了更为丰富的含义，十分集中地体现了林奈如何在自然志中重新构造自然物的秩序。

一　*Systema* 概念的前史

作为预备，我们首先需要了解林奈所用的"系统"（*systema*）概念的历史演变脉络。这一概念的历史几乎与"方法"（*methodus*）一样古老。从词源上来说，许多欧洲语言中的 *systema* / system 一词，来自于古希腊语 σύστημα，这个词是由 σύν（在一起）与 ἵστημι（使立起）拼合在一起构成的。在古希腊人的理解中，σύστημα 指的是这样一种构成物，由多个部分组成，但本身却是某种整体。在社会生活领域中，亚里士多德、斯多亚派都曾用 σύστημα 来指国家或城邦。而在自然哲学中，和谐的整体宇宙（κόσμος）一直是古代思想家的重要研究对象，而古希腊人常常会用 σύστημα 一词来阐释和探究这种和谐有序的 κόσμος。在原子论者、亚里士多德学派和斯多亚学派那里，我们都可以看到这样的用法。除了自然物之外，人造物也可以构成 σύστημα。总的说来，σύστημα 常常与 σύνταξις（即阿尔德罗万迪所用的 *syntaxis* 一词）同义。①

而与拉丁语中 *methodus* 的命运相仿，在西塞罗式的古典拉丁语中，并没有 *systema* 这个希腊词存在。在古典拉丁语中，类似的含义多用 *constitutio* 或 *coagmentatio* 代替。而到了中世纪，*systema* 又出现在拉丁语中，特别是音乐术语。例如，马尔提亚努

---

①　A. Diemer ed. *System und Klassifikation in Wissenschaft und Dokumentation: Vorträge und Diskussionen im April 1967 in Düsseldorf*, pp. 2-6.

斯·卡佩拉（Martianus Capella）的百科全书著作《论菲劳罗嘉与墨丘利的婚姻》（*De nuptiis Philologiae et Mercurii*）中，在论述和声学的部分专辟了一节讲述"何为系统"（*Quid sit systema*）。在天文学中，*systema mundi*（世界体系/世界系统）一词也广泛使用。近代意义上的"世界体系"表示的是天体系统的实际构型，这一用法的开端同步于斯多亚学派学说在近代重新被人们认识。到了哥白尼的弟子那一代人时，这种用法在天文学中被固定下来。哥白尼本人在术语上仍然恪守着中古传统，并没有用 *systema* 来表示世界各部分的秩序或结构，在他的《天球运行论》中完全没有出现 *systema* 一词。但是，他的学生格奥尔格·约阿希姆·雷提库斯（Georg Joachim Rheticus，1514—1574）在天文学和宇宙论的意义上使用了 *systema* 这一术语。雷提库斯把 *systema* 与天体的和谐（*harmonia*）联系在一起，这一点很近似于古代和声学中的 *systema* 用法。在这样使用这一术语时，雷提库斯要强调的是日心体系的完满和整齐。到16世纪末，第谷等人在自己的著作中使用了在字面上与林奈一致的"自然体系/系统"（systema natura）一语，但第谷等人是在天文学意义上这样讲的。此后，"世界体系"在天文学中广为使用，伽利略的《关于托勒密和哥白尼两大世界体系的对话》（*Dialogo sopra i due massimi systemi del mondo, tolemaico e copernicano*）所继承的正是这一术语传统。[①]

---

① M.-P. Lerner, "The Origin and Meaning of 'World System'", *Journal for the History of Astronomy*, vol. 36, no. 4, 2005.

这里需要注意的是，不论是在中世纪还是现代早期，*systema*
一词或者用于和声学，或者用于天文学，这都是古代传统中典型
的数学学科。在现代早期知识界所熟悉的自然科学门类中，天文
学又是至关重要的——我们已经看到，在约翰·雷的通信集中，
system 一词也只出现于"行星系"（planetary system）这一天文学
意义的词组 [①]。英国作家（Edward Phillips，1630—约 1696）在他
的《词语新世界》（*New World of Words*，1706）中这样解说 18 世
纪初人们对"世界体系"的理解：

> （"世界体系"）用于宇宙的总体构造、组成和和谐，或
> 者任何一种以某种已知假说为依据的呈现，在这种呈现中，
> 依照作者的意见，天体之间的摆列（dispos'd）在位置、次
> 序、运动和属性上能够最好地回应表观（Apperances）和哲
> 学上的证明。[②]

在这种意义上，*systema* 代表着一种秩序或原理（principle）
的存在，偏重于理论上的完备，而 *methodus* 则更侧重于实用、便
捷。这种意义上的分野在林奈以前的时代已经产生，并且被林奈

----

① *The Correspondence of John Ray, Consisting of Selections from the
Philosophical Letters Published by Dr. Derham, and Original Letters of J. Ray, in the
Collection of the British Museum*, London: The Ray Society, 1848, p. 271.

② 转引自 J. Mittelstrass, "Nature and Science in the Renaissance", in R. S. Woolhouse
ed. *Metaphysics and Philosophy of Science in the Seventeenth and Eighteenth Centuries: Essays in
Honour of Gerd Buchdahl*, Dordrecht: Kluwer Academic Publishers, 1988, p. 25。

的同时代人所意识到。如果综览 17 世纪末到 18 世纪末的自然志文献容易发现，其中带有"系统"一次的地方几乎都指向林奈或林奈的支持者可见，这种主张是十分明确的。与此同时，林奈的同时代人也明确地意识到林奈的 *systema* 和哥白尼天文学在上述方面有共同之处。意大利律师和自然志家路易吉·科拉（Luigi Colla，1766—1848）曾编著有《植物学撷英者》（*L'antolegista botanico*，1813—1814）一书，在这部书中，科拉剖析了"方法"和"系统"的不同之处：

> *Sistema* 一词一般表示的是诸原因（原理）和结果的结合（una riunione di principii, e di conseguenze）；在这一意义上，可以说"哲学体系""天文学体系"，或"笛卡尔体系""牛顿体系"等。
>
> *Metodo* 一词则专门用于指称那种在某种科学中为了教学简便而遵循的次序（l'ordine）。
>
> 因此，当我们说到**哥白尼体系**（*sistema di Copernico*）时，我们所指的已经不再是某个著名哲学家在天文学证明中所遵循的次序，而是地球绕轴稳定转动的原理（principio，或原因）。
>
> 因此，我可以恰如其分地把林奈的**系统**（*sistema di Linneo*）称为原理和事实的结合……①

---

① L. Colla, *L'antolegista botanico*, Vol. II, Torino: Coi Tipi di Domenico Pane, 1813, pp. 4-5. 黑体字是科拉本人标注的。

这一意义上，林奈对 *systema* 这一概念的使用是特别值得研究的——*systema* 绝不仅仅是 *methodus* 的一种可随意互换使用的同义词，而是代表了一种新的取向和态度。这种新的自然志理想的内容，需要通过细读林奈本人的文本才能理解。林奈在为自己的 *systema* 做准备时，评析了前人所提出的各种 *methodus*，这些内容对于我们准确地理解林奈的思想是极富价值的。

二 林奈对植物学史的回顾

林奈的一个特点，在于他以反身的方式将分类运用到了植物学家的身上。林奈本人熟知包括"分类学之战"在内的各种植物学文献，他在很多部著作中对植物学史都进行了回顾。今天再对这种回顾进行回顾是十分重要的，一方面，是因为林奈的条理清晰是此前探讨植物学史的人极少达到的；另一方面，林奈对植物学史的研究也蕴藏了他对自己的定位。因此，这里首先对林奈的植物学史研究做一解说。

1736 年，林奈在阿姆斯特丹出版了《植物学书目》(*Bibliotheca botanica*) 一书，这本书的副标题是"根据把作者分成纲、目、属和种的自然系统评述至今出版的上千本论植物的书籍"(*Recensens libros plus mille de plantis huc usque editos secundum systema auctorum naturale in classes, ordines, genera et species*)。用植物学家、林奈研究者弗朗斯·安东尼·斯塔弗洛 (Frans Antonie Stafleu，1921—1997) 的话说，这部书"是一部简明的植物学史，

风格枯燥，是枚举式的，然而十分有效。林奈描述了植物科学的发展，把植物学作者划分为不同的类别……"① 林奈甚至还绘制了一个植物学家的分类图表，这种图表在形式上和约翰·雷等人的植物分类图表是一致的，林奈把这份图表称为"植物学人系统的分纲索引图"（*Clavis Classium in Systemate Phythologorum*）②。在这份"索引"之后，林奈又开列了一份两页长的"纲和目的序列"（*Series Classium & Ordinum*），林奈将他之前的植物学家分成 16个"纲"和 69 个"目"。

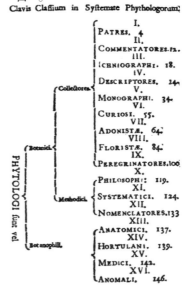

图 4　林奈绘制的"植物学人系统的分纲索引图"

① F. A. Stafleu, *Linnaeus and the Linnaeans: The Spreading of Their Ideas in Systematic Botany, 1735—1789*, Utrecht: A. Oosthoek's Uitgeversmaatschappij, 1971, p. 35.

② C. Linnaeus, *Bibliotheca botanica*, p. xi.

　　林奈的这种反身式的做法是极其独特的，表明了林奈认同可以将分类方法普遍地离加以应用，甚至可以超出动物、植物、矿物而对自然志家本身进行有板有眼的分类。在《植物学书目》的开篇，林奈还对植物学史的 *methodus* 提出了自己的评论：

　　　　文献史家（*Historici Literarii*）在评述植物学家及其著作时使用了各种方法（*Methodus*）；有的人将书籍的出版地点用作方法，只需要书籍的城市（*Bibliopolis*）；有些人使用著作的体裁（*Forma operis*），书目学家就这样使用；还有人（综合地）按照作者、版本和印刷的时间，并不单独使用；还有的人按照语言或民族，其中并不包含什么确定的东西。①

　　而林奈本人使用的"方法"是分类式的。他首先将植物学家分为收藏家（*Collectores*）、系统家（*Systematici*）和植物爱好者（*Botanophili*）三个"大类"（*partes generales*），随后，再在这三大类下划分出十六个纲。然而，在此林奈的命名却有些令人混淆。在"植物学人系统的分类索引"图表中，这三大类是"收藏家""方法家"（*Methodici*）和"植物爱好者"，而"系统家"是"方法家"下面的一纲（第11纲）。因此，"系统家"有时像是"方法家"的同义词，有时又是"方法家"下面的一个分类。

　　林奈对植物学家进行分类却是一贯的。在同年出版的《植物

───────────

① C. Linnaeus, *Bibliotheca botanica*, p. 1.

学基础》(*Fundamenta botanica*)中，林奈在第一章和第二章里同样回顾了植物学的历史，对植物学家的分类也和《植物学书目》中一样——首先分为植物学爱好者和狭义的植物学家，然后再将植物学家分成收藏家和方法家，方法家下有系统家。然而，《植物学基础》的这一部分十分短小，把两百余页的《植物学书目》缩写为《植物学基础》中的六页。因此，在《植物学基础》中对于各类植物学家只有简短的定义，而没有详细的论述。

　　1751年，林奈出版了《植物学哲学》，这本书集中地表述了林奈的植物学体系。在书前的序言中，林奈陈述了他写作这本《植物学哲学》的目的是要提供一种植物学的"简短的教本"。林奈设想了一种植物学的体系，他此前发表的各种植物学著作——包括《植物学书目》在内——都是这一体系的一部分，《植物学哲学》则是这一体系的完整陈述。[①] 事实上，《植物学哲学》和《植物学基础》覆盖的内容基本上是一致的，然而《植物学哲学》远较《植物学基础》详尽——《植物学基础》仅仅是一本正文只有三十六页的小册子，而《植物学哲学》则是篇幅近四百页的巨著。和《植物学基础》一样，《植物学哲学》的第一章论述的是林奈对于植物学家的分类，第二章则回顾了林奈以前的种种分类系统，这两章合在一起，大致涵盖了林奈早年的《植物学书目》的内容。对于理解林奈植物学史的编史学思想来说，《植物学哲学》是十分合适的研究对象，这本书相关内容的篇幅既不像《植物学书目》

---

① 　C. Linnaeus, *Philosophia botanica*, pp. i-ii.

一样冗长，也不像《植物学基础》一样缩略。最重要的是，《植物学哲学》在林奈生前和去世后曾经印行过多个版本，在自然志家中十分流行，既代表了林奈最后的最为成熟的思想观点，也是后林奈时代的自然志家对植物学史的理解的主要来源之一。因此，我们以《植物学哲学》为主要的文本依据，来展开我们后面的讨论。这本书是由 365 条"格言"组成的，每条格言后还带有林奈的附释，附释的内容是指出若干文献，或对此条格言的内容进行进一步的解说。这种清晰的条理可以帮助我们区分开林奈植物学的主要原理和细节。

从第 6 条格言开始，林奈开始探讨他所理解的植物学史。林奈将最为广义的植物学研究者统称为"植物学人"：

> 6. 植物学人（*Phytologi*）一词称呼的是这样的作者，他们以关于植物的某著作（5）而知名，他们既可以是植物学家（*Botanici*），也可以是植物爱好者（*Botanophili*）。[1]

在这个最广义的"植物学人"下，林奈囊括进了一切专门讨论植物的古代和近代作者，在附释中开列了一个极长的名单。这个名单是从古希腊的泰奥弗拉斯托斯开始的，表明林奈已经接受了文艺复兴时期自然志家的历史建构，将自然志史理解为一条横亘古今的未曾中断的线索。然而，林奈又是厚今薄古的，在这份

---

[1]　C. Linnaeus, *Philosophia botanica*, p. 2.

横跨了三页的名单中，古代作者只有泰奥弗拉斯托斯、普林尼和迪奥斯科里德斯三个人，然后便跨过了中世纪，直接开始列举 15 世纪的"植物学人"。

可以多次看到，"植物学家"和"植物爱好者"是林奈对于"植物学人"的基本划分。需要强调的是，这种划分的依据并不是职业或社会地位，而是研究的方式。在《植物学基础》和《植物学哲学》中，林奈对于真正的"植物学家"给出了两种相差不大的定义：

> 7.（真正的）植物学家应当根据真正的基础来掌握植物学（5）；他们懂得用可理解的名称来命名一切植物（2）；他们要么是收藏家（*Collectores*），要么是方法家（*Methodici*）。①
>
> 7.（真正的6）植物学家理解植物学（4），这是因为他们从真正的基础出发，并且他们知道如何给一切植物（2）赋予可理解的名称；他们要么是收藏家（8）要么是方法家（18）。②

这种所谓"真正的基础"是什么呢？林奈在《植物学哲学》第 7 条格言的附释中指示了《植物学基础》的第 151、164、165、166、167、152 条格言。事实上，可以看到，这种"真正的基础"

---

① 　C. Linnaeus, *Bibliotheca botanica*, p. 1.
② 　同上书，第 4 页。

就是分类：

　　151. 植物学（4）的基础有二：摆列（*Dispositio*）和命名。①

在文艺复兴时期自然志家的 *methodus* 中，人们已经多次接触了 *dispositio* 一词。林奈对这个词给予了明确的定义：

　　152. 摆列（151）教导的是植物的划分（*diuisio*）和关联（*conjunctio*）；它可以是理论性的，即分成纲、目、属；也可以是实践性的，即确定种和变种。

　　153. 植物的摆列（152）可以纲要式地（*Synoptice*）也可以系统地（*Systematice*）进行，这通常称为方法（*Methodus*）。②

在摆列和命名这两个"植物学的真正基础"中，摆列又是最为重要的，因为林奈认为"摆列是命名的基础"（*Dispositio est Denominationis fundamentum*）③。如果把这些定义串连起来看待，那么便可以看到这样的逻辑链条。真正的植物学家根据的是植物学的真正基础，而植物学的真正基础是摆列和命名，其中摆列又是命名的基础，在整个"植物学的基础"中起着最为基础的作用，

---

①　C. Linnaeus, *Bibliotheca botanica*, p. 18; *Philosophia botanica*, p. 97.

②　C. Linnaeus, *Philosophia botanica*, p. 97.

③　同上。

同时摆列即是自然志家所称的 *methodus*。这样一来，*methodus* 在整个植物学中便是基础的基础，在林奈所理解的整个植物学知识体系中有着极为核心的地位。

值得留意的还有林奈对于"纲要式"的方法和"系统式"的方法的区分：

> 154. 纲要（*Synopsis*）（153）做的是任意的划分（152），或长或短，或多或少；而植物学家对此并不承认。
>
> 155. 系统（153）根据五个恰当的阶元把纲划分纲、目、属、种、变种。
>
> 156. 植物学的阿里阿德涅之线是系统（155），如果没有系统，草木之学便是一片混沌。[①]

在这里，*methodus* 和 *systema* 并不是简单的同义词，应当说，*systema* 是一种更为高级的 *methodus*。林奈进一步解释道，"纲要是任意的二分（*dichotomia arbitraria*）"，特点是"就如给植物学引路（*viae ad Botanicen ducit*）一样，但是并无明确的界限（*Limites*）"。纲要式的图式是"出于技艺的法则"（*ex artis lege*），在技术上是有用的，可以帮助澄清被混淆的事物。林奈指出，约翰·雷就是这种"方法家"的代表。

至于 *systema* 为何高于 *methodus*，林奈给出了一个极其有趣

---

① C. Linnaeus, *Philosophia botanica*, pp. 98-99.

的说明。首先，林奈援引了不同领域内的例子以说明层级的重要和普遍：

> 这可以由其他科学的例子来说明。
>
> 地 理 学：国（*Regnum*）、省（*Provincia*）、地（*Territorium*）、区（*Paroecia*）、村（*Pagus*）。
>
> 军队：团、营、连、排、士兵。
>
> 哲学：最高的属，中间和最近的属、种、个体。
>
> 植物学：纲、目、属、种、变种。[1]

换句话说，这种层级式的结构在人类的其他知识领域内已经得到广泛的应用，因而将其类推到植物学中也是合理的。此外林奈还考虑了信息容量的问题，在下面他继续写道：

> 纲要和系统之间的差别是这样的：
>
> 纲要：a 2；b 4；c 8；d 16；e 32。
>
> 系统：a 10；b 100；c 1000；d 10000；e 100000。
>
> 因此，系统优于纲要。[2]

林奈在这里假定的是，纲要式的二歧划分从一个最高的属类

---

[1] C. Linnaeus, *Philosophia botanica*, p. 98.

[2] 同上。

开始，分到第五级时至多能分出 32 个种。而如果假定在系统式的分类中，每一个阶元都包含了 10 个下属阶元，那么，经过五级阶元，则能分出 100000 个种。这种数量级上的巨大差异使得 *systema* 在为自然物进行编目时更加便利。

通过这样的划分，真正的"植物学家"或者要构造 *methodus* 和 *systema*，或者要为植物命名。林奈进一步把"植物学家"再分为收藏家（*Collectores*）和方法家（*Methodici*）。林奈所谓的收藏家的特点是"首先关注的是植物的种的数目"，其中包括了古代的植物学之父（*Patres*）、评注家（*Commentatores*）、绘图家（*Ichniographi*）、描述家（*Descriptores*）、专著作家（*Monographi*）、探奇家（*Curiosi*）、园艺家（*Adonides*）、植物志作家（*Floristae*）和旅行家（*Peregrinatores*）等。[①] 这些人之所以能成为真正的"植物学家"，是因为他们为方法家准备了材料。林奈在自己的瑞典文手稿中曾经这样评论收藏家和方法家的关系：

> 方法家是另一种类别的植物学家，他们构想和建立（inträttat）特定的方法，然后对从收藏家（第 8 节）那里汇总的植物进行摆列和排序。[②]

林奈对于"方法家"的正式定义是：

---

①　C. Linnaeus, *Philosophia botanica*, p. 4.

②　转引自 S. Müller-Wille, *Botanik und weltweiter Handel: Zur Begründung eines Natürlichen Systems der Pflanzen durch Carl von Linné (1707—78)*, p. 173。

18. 方法家（7）首先着力于植物的摆列（*Dispositio*）（Ⅵ），由此而来的是植物的命名（Ⅶ）；他们是哲学家（19）、系统家（24）和命名家（38）。①

这实际上是植物学的"基础"所对应的两种活动。在再下一级中，"哲学家"（*Philosophi*）"从理性的原则出发，演证性地（*demonstrative*）把植物学知识归结为科学的形式"②，包括了演说家、论辩家、生理学家和教育家。其中对植物性别的研究就属于生理学家的研究范围。系统家则是今天意义上的分类学家，把植物摆列进一定的"类群"（*Phalanges*）。这里林奈用的 *phalanges* 一词和切萨尔皮诺的军营隐喻一样，而是一个军事上的用语，源自古希腊的 φάλαγξ，指的是重步兵组成的长方形方阵。对这个词，缪勒－维勒翻译为"特定的秩序"（bestimmte Ordnung）③。

在经过重重划分以后，林奈终于可以开始对他以前的植物分类工作进行回顾了。在对过去的植物分类方案进行评价时，也表明了林奈本人的许多观点也间接得到了表现。林奈首先把系统学家分成"正统派"（Orthodoxi）和"异端派"（Heterodoxi）——

---

① C. Linnaeus, *Philosophia botanica*, p. 10.

② 同上。

③ S. Müller-Wille, *Botanik und weltweiter Handel: Zur Begründung eines Natürlichen Systems der Pflanzen durch Carl von Linné (1707—78)*, p. 180

25. 异端系统家（24）按结实器官之外的其他原则来划分植物；比如字母派（*Alphabetarii*）、唯根派（*Rhizotomi*）、唯叶派（*Phillophili*）、生理派（*Physiognomi*）、时间派（*Chronici*）、产地派（*Topophili*）、经验派（*Empirici*）和药剂派（*Seplasiarii*）。

字母派按照字母表的方法。

唯根派根据根的结构，比如园艺家。

唯叶派根据叶子的种类。

生理派根据习性。

时间派根据开花的时间。

产地派根据生长的地点。

经验派根据药物的用途。

药剂派根据药典的顺序。[①]

而按照林奈的意见，"植物科学的美妙与可靠应当归功于正统的系统家"[②]。"正统派"的定义是：

26. 正统系统学家（24）以结实器官这个真正的基础为方法；他们可以是追求普适的（*Universales*）也可以是只做专论的（*Partiales*）。

---

① 　C. Linnaeus, *Philosophia botanica*, p. 12.

② 　同上书，第 18 页。

他们观察自然的属（*Genera Naturalia*）。

他们根据结实器官的某一部分来排列各属。

他们指出现有的（属），从而那缺位的也就显明自身了。[①]

林奈对于结实器官的强调，和切萨尔皮诺属于同一传统。林奈在自己的书中反复强调，结实器官是植物的本质。早在1735年出版的《自然系统》第一版中，林奈就宣称：

> 6. 植物的本质（*essentia*）在于结实器官（1）；结实器官的本质在花和果实（5：I, II）；果实的本质在种子（5：6）；花的本质在雄蕊（5：3）和雌蕊（5：4）；雄蕊的本质在花药；雌蕊的本质在柱头。[②]

这段话在《植物学哲学》中也曾出现。这里的"本质"一词的反复出现，似乎可以使人认定林奈相信存在着某种"植物的本质"。这也是生物分类学史上"本质主义叙事"的一个重要的依据。这种叙事自恩斯特·迈尔开始就占据了主流的地位。在一些关于林奈思想的专题研究中，很多学者都认同林奈是一个本质主

[①]　C. Linnaeus, *Philosophia botanica*, p. 12. 对于最后一句，18世纪的法译本译为："他们指出在他们眼下的东西的地位，由此，那些他们将要发现的东西的地位也就明显可见了。"

[②]　C. Linnaeus, *Systema naturae*. Lugduni Batavorum: Apud Theodorum Haak, 1735, p. 8.

义者，至少也有一种本质主义的倾向或本质主义的出发点①。然而，这种理解在近年来受到了挑战②。根据在前文中提到的温瑟尔的看法，林奈在著作中频频提到的名词 *essentia* 或形容词 *essentialis* 并不能解作经院哲学中的"本质"。温瑟尔举出了《植物学哲学》中的若干例子，认为林奈所谓的"本质的"（*essentialis*）一词，不过意味着"分类学上有用的"。甚至在有些地方，林奈对"本质"抱着并不热衷甚至拒斥的态度。例如，林奈指出有三种属征——人为的（*factitius*）、本质的（*essentialis*）和自然的（*naturales*）。"人为的属征"指的是在一些植物学家的人为系统中使用的单个特征。而"本质属征"则是"根据其独有的和特异的特点来划分属"③。而自然属征是全面的各种特征，包括了本质属征和人为属征。林奈甚至说："认为单从本质属征而舍弃自然属征便可以理解植物学的人，要么是在欺骗，要么是被骗。"自然属征比本质属征要更为可靠，这也是林奈一贯的思想。林奈从来没有在自己的著作中表示过，所谓"本质的"特征更加能解释植物的本性等等。④ 生物学史家约翰·S. 威尔金斯也同意温瑟尔的看法，他主张林奈的"本质属征"

---

① 国内的科学史界中，徐保军对林奈的研究最为专门和深入。他认为林奈在本质主义和经验主义之间徘徊，也即林奈有一种对"本质"的追求，但是在实践中常常是经验主义的。见徐保军：《建构自然秩序——林奈的博物学》，第 52 页以下。这种立场是"本质主义叙事"的一种修改。

② 如 M. P. Winsor, "The Creation of the Essentialism Story: An Exercise in Metahistory"。

③ C. Linnaeus, *Philosophia botanica*, p. 128.

④ M. P. Winsor, "The Creation of the Essentialism Story: An Exercise in Metahistory", pp. 4-5.

应当翻译成"鉴别性的属征"（diagnostic characters）[1]，也即最可以帮助判别的那种特征。

　　这里可以为温瑟尔等人的解释增加两个论据。首先，林奈不仅在认识论和方法论上不是一个亚里士多德主义式的逻辑学家（这是温瑟尔等人的主要论据），此外在本体论上，林奈也缺乏亚里士多德主义的设定。林奈虽然反复谈及"本质"，但是在《植物学哲学》中，他从来没有像切萨尔皮诺一样去诉诸亚里士多德式的"植物的灵魂"，甚至"灵魂"一词也并未出现在他论证的关键处。正如约翰·雷在批评切萨尔皮诺时并未批评切萨尔皮诺所依据的灵魂学一样，林奈在赞扬切萨尔皮诺时也从来不是因为切萨尔皮诺接近植物的"本性"。不论对于约翰·雷还是对于林奈，植物内在的灵魂都已经是被机械论学说破除掉的、因而是不存在或至少不值得特别重视的东西。林奈在《植物学哲学》中曾经提及亚里士多德所谓植物灵魂的功能，在第 3 条格言中，林奈写道：

　　3. 矿物（2）会生长。植物（2）会生长和生活（133）。动物（2）会生长、生活和感觉。

　　《自然系统》第六版，第 211 页，第 15 节。同上。

　　《自然系统》第六版，第 219 页，第 2 节。矿物生长。

---

[1]　S. Müller-Wille, "Systems and How Linnaeus Looked at Them in Retrospect", p. 400.

《植物的婚配》，第1至14节。植物生活。

荣格《入门》，第一章。植物是这样的物体，它生活着而又不能感觉，固着在一定的地点（*locus*）或一定的居所（*sedes*），由此它能获得营养、生长并最终延续自身。

布尔哈夫《植物志》，3。植物是这样的有机体，它凭借自己身体的一些部分附着于另一个物体，借此它收取或吸取用于营养、生长和生活的物质。

附识：同一种的化石（*Petrificata*）和晶体（*Crystalli*）在形状上完全相一致。藤壶（*Balanus*）和锚头鳋（*Lernea*）[①]有运动性（*locomotivitas*）；含羞草（*Mimosa*）也是一样。[②]

这里把格言连同附释全部引用过来，是想要表明，即便在这样可以进行充分叙述和文献指引的场合，林奈都并不诉诸或提到"灵魂"，也未提到亚里士多德或切萨尔皮诺。"矿物生长，植物生长和繁殖，动物生长、繁殖和运动"虽然在思想来源上来自于亚里士多德，但是在近代已经成为一种常识，复述这种常识并不需要回到亚里士多德的灵魂学说。林奈显然也没有对这种常识性的表述有何思想史上的内在理据产生兴趣，对此是十分淡漠的。

第二个证据在于林奈思想是如何被同时代人所接受的。和林奈同时代的有林奈的支持者和反对者。然而，却很难看到林奈的

---

① 在今天的动物分类学中，此属名拼写为 *Lernaea*。

② C. Linnaeus, *Systema naturae*, p. 1.

反对者讨论何为 *essentia* 的问题。林奈的支持者和学生也显得对何为 *essentia* 并不那么在意。昆虫分类学是植物分类学得到巨大发展后的一个活跃的学术话题。这里不妨以丹麦昆虫学家约翰·克里斯蒂安·法布里丘斯（Johan Christian Fabricius, 1745—1808）作为一个例子。法布里丘斯被称为"昆虫学中的林奈"，他本人是林奈的学生，和林奈关系甚笃，想要把林奈的方法推广到昆虫学中。然而，他是否认真地对待过 *essentia* 呢？法布里丘斯出版过《昆虫学哲学》（*Philosophia entomologica*）[1]一书。这本书完全模仿的林奈《植物学哲学》，试图在昆虫学上提供林奈式的标准课本，很多章节的安排与《植物学哲学》相比都未改动，只是把植物替换为昆虫。在内容上法布里丘斯也忠实地复述了林奈的原理。法布里丘斯在昆虫分类中最大的成就是用口器来为昆虫分类，取代了林奈用翅为昆虫分类的做法。因此，昆虫口器在法布里丘斯那里的地位，正相当于植物的结实器官之于林奈。就像林奈《植物学哲学》中有一章专论结实器官那样，法布里丘斯的《昆虫学哲学》中也有一章专门论述口器（*Instrumenta cibaria*）[2]。但是，法布里丘斯从来没有"昆虫的本质在于口器"一类的说法，*essentia* 一词也根本没有出现在类似的论断中。在林奈和法布里丘斯的通信中，林奈本人后来同意了法布里丘斯的用口器进行分类的观点[3]，在《自然系统》的1740年第二版中有"昆虫的本质属征是口"（*Character essentialis genericus ...*

---

[1]　J. C. Fabricius, *Philosophia entomologica*, Hamburg: Kilonii, 1778.

[2]　同上书，第37—52页。

[3]　L. Tuxen, "The entomologist, J. C. Fabricius", *Annual Review of Entomology*, vol. 12, 1967.

Insectorum ab ore）这样的论断[①]。如果法布里丘斯断言"昆虫的本质在于口器"，不但没有什么障碍，反而能增强自己学说的说服力。但是，法布里丘斯在术语上对于 *essentia* 并不感兴趣，他只在复述林奈的原理时，才提到"本质属征"。像温瑟尔等人那样，把这里的"本质属征"理解为"最有鉴别能力的特征"，看来是较为合理的。

我们对这个问题加以论述，是希望能帮助澄清理解林奈术语时的混乱。如威尔金斯所说，林奈著作中关于"本质"的用语"常常误导很多现代的评注者"[②]。而这个关键的问题又常常关系到对整个林奈植物分类学的理解。在本节中，涉及的问题是林奈区分"正统"和"非正统"系统家的标准。

我们已经看到，林奈把植物分类学家划分为"正统"和"异端"，这是根据他们对于结实器官的态度，然而选择结实器官为分类的根据，这本身不代表林奈有某种"植物的本质（本性）"的构想。同样，在林奈回顾植物分类的历史时，也只涉及对植物器官的选择问题，并不谈自然志家对于"本质"的理解。

林奈《植物学哲学》的第二章题为"系统"（*Systemata*），专门地对从切萨尔皮诺开始的植物分类尝试做了梳理。林奈又把"正统"的系统家分为果实论者（*Fructistae*）、花冠论者

---

① C. Linnaeus, *Systema naturae*, editio secunda, Stockholm: Apud Gottfr. Kiesewetter, 1740, p. 13.

② S. Müller-Wille, "Systems and How Linnaeus Looked at Them in Retrospect", p. 400.

（*Corollistae*）、花萼论者（*Calycistae*）和性论者（*Sexualistae*）。
林奈认为，切萨尔皮诺是"果实论者和第一个真正的系统家"，因
为他分类的依据是胚和花托。英国的莫里逊也是果实论者，但是
混杂了生理派和花冠论的成分。约翰·雷一开始是果实论者，但
是后来变成了花冠论者。里维努斯和图尔内福都是花冠论者。此
外，在主要的分类学派之间也出现了各种颠倒和调和的尝试。而
林奈本人提出了两种分类法，一种是根据花萼的，另一种则是根
据雄蕊和雌蕊的数目、比例和位置的。前者是林奈在《植物的纲》
（*Classes plantarum*）中提出的，但林奈自己未曾实际采用过；后
者则是林奈著名的性系统。这里把林奈自己的总结复述如下[①]：

花萼方法（*Methodus Calycina*）：

具佛焰苞（Spathacei）　1.

具颖苞（Glumosi）　2.

具柔荑花（Amentacei）　3.

花伞形（Umbellati）　4.

花共萼（Communes）　5.

花倍萼（Duplicati）　6.

多花（Floribundi）　7.

有冠（Coronati）　8.

异态（Anomali）　9.

---

① 　C. Linnaeus, *Philosophia botanica*, pp. 24-25.

多型（Difformes）	—	—	10.
早谢（Caduci）	—	—	11.
常开（Persistentes）	单型	单瓣	12.
		多瓣	13.
	多型	单瓣	14.
		多瓣	15.
不完全花（Incompletae）	—	—	16.
无瓣（Apetali）	—	—	17.
裸露（Nudi）	—	—	18.

性系统（*Sexuale systema*）：

单雄蕊纲（Monandria）	1.
双雄蕊纲（Diandria）	2.
三雄蕊纲（Triandria）	3.
四雄蕊纲（Tetrandria）	4.
五雄蕊纲（Pentandria）	5.
六雄蕊纲（Hexandria）	6.
七雄蕊纲（Heptandria）	7.
八雄蕊纲（Octandria）	8.
九雄蕊纲（Enneandria）	9.
十雄蕊纲（Decandria）	10.
十二雄蕊纲（Dodecandria）	11.
二十雄蕊纲（Icosandria）	12.

多雄蕊纲（Polyandria）　　　　13.

二强雄蕊纲（Didynamia）　　　　14.

四强雄蕊纲（Tetradynamia）　　　15.

单体雄蕊纲（Monadelphia）　　　16.

二体雄蕊纲（Diadelphia）　　　　17.

多体雄蕊纲（Polyadelphia）　　　18.

聚药雄蕊纲（Syngenesia）　　　　19.

雌雄合蕊纲（Gynandria）　　　　20.

雌雄同株纲（Monoecia）　　　　21.

雌雄异株纲（Dioecia）　　　　　22.

雌雄杂株纲（Polygamia）　　　　23.

隐花植物纲（Cryptogamia）　　　24.

在术语上，对于以花萼为根据进行的分类，林奈本人使用的是"方法"一词，而对于自己后来一直使用和推广的性系统，则使用的是"系统"。在林奈著作中这是一种一直存在的倾向。这实际上是做出了提示：*methodus* 和 *systema* 并不总是可以互换或等同的，*systema* 具有较高的地位。

最后，林奈并不以自己为"正统派"系统家的终结，而是留下了另一个"自然方法"的线索：

69. 自然方法要根据子叶、花萼、性及其他部分，罗延很漂亮地阐述了自然方法，哈勒很博学地阐述了自然方法，而瓦亨多夫借助希腊语（的术语）阐述了自然方法。[①]

　　这里是第一次在《植物学哲学》中出现"自然方法"。林奈在这里对于"自然方法"的定义是使用多种特征来为植物进行分类。这个术语十分重要，因为它反映了林奈工作的目的。我们下面将专门讨论如何理解"自然系统"或"自然方法"的问题。

三　林奈的"自然系统"概念

　　"自然系统"或"自然方法"[②]是一个自林奈时代就常常使用的术语，在分类学史的编史中，这个术语常常被用来评价早期分类学家的分类学成就——如果一个分类学家所划分的类群越接近今天生物学家所认可的"自然的"类群，就越是成功和重要。在这样的生物学史家那里，对"自然系统"这个术语的理解主要有两种：①"自然的"系统可反映生物整体上的相似性（或亲缘性），反之则是"人为的"；②构造"自然系统"的方法因而也要根据多种特征和性状（理想的情形是一切特征），而非根据单一的特征（如花）。

　　这种理解之下，分类学的历史常常被描述为一种从"人为系

---

①　C. Linnaeus, *Philosophia botanica*, p. 25.

②　这里的 *methodus* 和 *systema* 可视为基本同义的词语。

统"向"自然系统"的演进，其发展终点是进化论之后的支序分类学。然而，目前的分类学史研究，却提出了对这样使用"自然系统"概念的一种批评。这方面的努力，主要来自前文述及的缪勒－维勒，他在一系列文章与著作中，对"自然系统"概念以及林奈对于分类学的改革做出了新的阐释 ①。缪勒－维勒指出，林奈第一个使用"自然"和"人为"系统区分，而这种对立在此前的自然志家那里并不存在。因而，对于前林奈时代的自然志家谈及"自然系统"是一种年代误植，17 世纪的自然志家并不知道这种"自然系统（方法）"和"人为系统（方法）的对立"。更为重要的是，对"人为系统"和"自然系统"的一些长久以来的误解，将导致人们对于林奈分类学的核心要旨产生不确切的评价。

　　理解"自然系统"和"人为系统"概念的一大难点在于，林奈本人也并不常对这两种系统做出专门的论述。然而，在林奈的著作中，人们仍然可以看到这两者之间存在明确的区分。在《自然系统》第一版中，林奈就写道：

　　　　至今为止，自然系统（*Systema Naturale*）还没有构造出来，尽管有一些接近于它了；我也并不声称这一系统（指林奈本人的性系统）在某种程度上是自然的（我或许将在另一

---

　　①　见 S. Müller-Wille, *Botanik und weltweiter Handel: Zur Begründung eines Natürlichen Systems der Pflanzen durch Carl von Linné (1707—78)*; "Systems and How Linnaeus Looked at Them in Retrospect"，以及他参编的 T. Hoquet ed. *Les fondements de la botanique: Linné et la classification des plantes*, Paris: Vuibert, 2005。

个场合展示它的一些片段）；在有关我们系统的一切被彻底地知晓之前，也无从构造一种自然系统。然而同时，在我们没有自然系统的时候，人为系统（Systema artificialia）也是完全必要的。①

林奈在这里并没有把自己的性系统看作是一种"自然系统"，而认为它和前人的诸种分类方案一样，有"人为"的性质。然而，"自然系统"和"人为系统"之间的区别是毫无疑义的。而且，如果借用缪勒－维勒的评述，林奈借由这种区分"与过去断绝，并宣告一种未来的计划"②。1737年的《植物的属》（Genera plantarum）一书中，林奈对此做了较为详细的阐述。林奈认为，之前的各种分类系统都没有正确地把自然的属呈现出来，它们使用的是一些武断的原则。林奈本人不是要提出另一些植物的特征作为分类的标准，而是要从方法论上对过去的诸种分类系统进行清算，为一种真正"自然的"系统开辟道路。

"人为系统"的要害，并不在于其分类标准的单一，而是在于这些分类活动使用的是缪勒－维勒称之为"逻辑划分方法"（method of logical division）的程序，从而，其分类标准是武断的。这种"逻辑划分方法"造成的危害，便是我们前面已经提到的、林奈所谓的"人为属征"。在《植物的属》的导言"本著作的理

---

① C. Linnaeus, *Systema naturae*, p. 8.

② S. Müller-Wille, "Systems and How Linnaeus Looked at Them in Retrospect", p. 312.

据"（*Ratio operis*）中，林奈这样论述"人为属征"：

> 16. 人为（15）属征将一个单一的特征加给一个属，这个属由此和同一个目中（而不是和其他目中的属）的余下的属区别开来。这种特征对知性来说是最容易的事情，它见于二歧式或纲要性的图表，正如雷、克瑙特、克拉默所做的那样。假如对于纲和目并无任何的怀疑，假如自然物中所有的属已经被发现，那么这会比其他两种属征更加简单。但是，由于它们没有也不可能被发现，因此属征是错误的，也注定引向错误。一旦有人发现了某些新属，那么它邻近的属就成为错误的，它所关联的分支所产生的属征也成为了错误。[①]

在约翰·雷式的"人为系统"中，在某一个类群之下再进行划分，这种次级划分时的分类特征总是相对于与它同级的分类单元而言的，是局域的而不是相对于所有其他的属而言的。因此，只要分类单元的地位发生变动，那么，这整个系统都会陷入崩溃。这是所谓"逻辑划分法"的错误所在，从而也是"人为系统"的一个核心特点。

从以上的角度重审林奈及以前的植物分类学史，可以理解"分类学之战"的总体态势。约翰·雷和图尔内福争论的是应当选择植物的何种部分作为分类的标准，然而，林奈所要求的东西

---

① C. Linnaeus, *Genera plantarum*. Lugduni Batavorum: C. Wishoff, 1737, p. 9.

已经超出了这一层面，他要求的是一种非局部划分的分类方法。这种将近缘物聚合在一起的分类活动所产生的结果，便是所谓的"自然系统"或"自然方法"。

　　但是，林奈本人从来没有宣称完成过这种"自然系统"，这给我们探究林奈的工作方法造成了障碍。不过人们可以通过林奈著作中的一些文本，来帮助了解"自然系统"的特征。"自然系统"的关键并不在于它涉及的分类标准的多或者少，而是在于它是由"自然属征"所产生的。"自然属征"的关键同样也不在于它整合了多种特征，而在于它脱离了局域的对比，多种特征只是这一"去局域化"的结果。这种"自然系统"，是林奈在分类学中对于 *systema* 的理想。

四　作为 *historia* 结构的 *methodus*：林奈的"方法"

　　最后，我们将讨论一篇林奈的短文。这篇文献虽然短小，但涉及林奈对于自然志科学的整体构想，同时也涉及超出分类学之外的另一种 *methodus*，因此我们把它作为讨论林奈部分的结尾。

　　林奈很少以 *methodus* 作为题目而写作，他的最为著名的著作是《自然系统》（*Systema naturae*）而非《自然方法》（*Methodus naturae*）。然而，在《自然系统》中，却有一份附录性的短文，题名为"方法"（*Methodus*），这不能不引起研究者的注意。

　　这篇"方法"的研究史也是值得关注的。"方法"与其说是文章，不如说是一篇提纲，文字十分简赅，看来不会有什么文字理解上的误会。然而，这样一篇提纲，却有两个现代研究者所做的英译文①。这两篇译文的背后，存在着对林奈写作这篇短文的目的的不同理解。此外，还有一份日译本②。在这里，将给出我们对"方法"的翻译和解说。此后，在了解这篇提纲的基本内容后，我们将讨论"方法"的应用范围和目的。

首先，需要介绍一下"方法"的基本情况。在不同版次的《自然系统》中，并不是总附有"方法"的。事实上，虽然1735年的第一版《自然系统》就附有"方法"，但是自1758年出版的《自然系统》第十版以后，就不再附带这篇短文了。美国动物学家、林奈研究者卡尔·P. 施密特（Karl P. Schmidt）推测，去掉这篇附录的原因"或许是在当时人们已经很充分地了解""方法"的内容了③。然而，现代读者却常常忽视"方法"，这是因为1758年《自然系统》第十版是现代动物命名法规中规定的有效名的起始，所以在这版《自然系统》之前的各种著作（包括林奈本人的）所含的名称都是无效的，动物分类学家很少对1758年以前的古旧著作加以参考，常常最早只追溯至第十版《自然系统》。而这一版《自然系统》中已经没有"方法"一文了，因此动物学家可能很少

---

① K. P. Schmidt, "The 'Methodus' of Linnaeus, 1736", *Journal of the Society for the Bibliography of Natural History*, vol. 2, no. 9, 1952; A. J. Cain, "The *Methodus* of Linnaeus", *Archives of Natural History*, vol. 19, no. 2, 1992.
② 千葉県立中央博物館:《リンネと博物学——自然誌科学の源流》，増補改訂版，文一総合出版，2008年，第37頁。日译文似乎是根据施密特的英译文译出的。
③ K. P. Schmidt, "The 'Methodus' of Linnaeus, 1736", p. 369.

知道这样一篇提纲的存在。

此外，这篇附录的副标题，在不同的《自然系统》版次中也有所差异。最早的第一版《自然系统》中，"方法"的题目全称为"瑞典人卡罗卢斯·林奈的方法，结合此方法自然研究者可以准确而有效地准备不论何种自然物的志书，编成下述各段"（*Caroli Linnaei, Sveci, Methodus juxta quam physiologus accurate & feliciter concinnare potest historiam cujuscunque naturalis subjecti, sequentibus hisce paragraphis comprehensa*）。而 1740 年出版的第二版《自然系统》及以后则简短地称为"展示矿物、植物或动物的方法"（*Methodus demonstrandi lapides, vegetabilia aut animalia*）。这种一般性的表达，使得这篇"方法"显得普遍而重要。然而，第一版中的"志书"（*historia*）一词实际上是整篇提纲的主题词。我们将在解说完"方法"的内容后回到这一话题。"方法"虽然短小，但是是分章节的，共分为 7 章 38 节。不论是施密特还是凯因的解说，都未对每一节的内容在林奈的著作中找到相对应的论述。而我们在进行解说时，总是力求联系林奈的《植物学哲学》等文本，展示林奈在名目下的具体设想。这是因为"方法"的内容和《植物学哲学》有相当大的重合。虽然我们举出的是植物学中的例子，但是还应当记住，林奈的"方法"适用于一切自然物。

（一）　名称

以名称开始叙述自然物，看起来是十分自然的事情。在文艺复兴时期的自然志著作中，也常常以自然物的名称开篇。格斯纳和阿尔德罗万迪都是这样做的。然而，以格斯纳和阿尔德罗万迪为代表的文艺复兴时期自然志家的工作方法，很大程度上是语文学的，是常常不厌其烦地列举各种古代文献中的名称，同时给予词源学的解说。而林奈的读者则不难看到，林奈是以动植物的学名而非俗名开始。

1. 选定的名称，某一特定作者（如果存在的话）用的属名和种名，或作者自己的。

这里的名称是规范化的，由双名法构成。属名加种名（即种加词）的双名法并非是林奈的发明，而在林奈这里确定为为自然物命名的基本规则。然而，需要注意，在林奈看来，一种自然物的学名实际上包含了纲和目的名称，只是通常并不表示出来："为植物命名的一切名称，或者是不读出来的（*Muta*），如纲名或者目名；或者是读出来的（*Sonora*），如属名、种名和变种名。"[1]因此，在这里林奈只指出了属名和种加词。

2. 所有主要系统家的同物异名（*Synomyma*）。

在《植物学哲学》一书中，第十章是专门论述同物异名的。在这一章，林奈对如何列举异名做出了十分细致的格式规定。

318. 同物异名是各种植物学人（6）给植物起的名称，有属（Ⅶ）的异名、种（Ⅷ）的异名和变种（Ⅸ）的异名。

319. 在有同物异名的情况下，最好的名称应当放在首

---

[1]　C. Linnaeus, *Philosophia botanica*, p. 158.

位；这样的名称可以是其他植物学家挑选过的名称，也可以是作者本人独有的名称。

320. 异名应当汇集到一起。

321. 每个异名应当另起一新行。

322. 异名的作者和页码总应当在末尾指出。

323. 在异名的名录中，最好以星号标记出发现人（*Inventor*）。

324. 各地区所用的俗名应当被排除在外，或者放在异名名录的最末。①

3. 如果可能，所有古代和更近作者的同物异名。

在这里，林奈所指的是非植物学家所定的名称。林奈认为，只有"植物学家"也即前文所述的"收藏家"和"方法家"才能给植物以正确的名称。这种正确的名称不一定总是作者本人新拟定的，也可以是古代的一直使用的，林奈认为合适的属名包括：

241. 古人所使用的植物名称，或者是在希波克拉底（H.）、泰奥弗拉斯托斯（T.）、迪奥斯科里德斯（D.）那里读到的希腊语名称；或是在普林尼（P.）、耕作学家或诗人那里读到的拉丁语名称。

---

242. 古代的属名（241）用于古代的属是合适的。①

而如果古代作者使用了不同的名称，那么在异名中古代的异名看来也更有优先性，应当在列举异名时放到前面。

4. 翻译成拉丁语的俗名（*Nomen vernaculum*）。

俗名的地位要比古代名称更低，这可见于上面所引述的《植物学哲学》第 324 条格言。然而，林奈认为俗名是有用的："每个地方的俗名对特定地区的植物志很有帮助，这不仅是因为植物的名称可以为当地居民更容易地了解，也是因为通过百姓所用的名称更容易了解植物的本性（*natura*），它常常是贴恰的。"②

5. 不同民族的名称，特别是希腊的。

已经可以看到，林奈对于希腊名称有一种偏爱。而对于非欧洲民族使用的植物名称，林奈则斥之为"野蛮的"，认为应当放在异名部分的最后。③

6. 所有属名（1—5）的词源。

林奈所说的词源，还包括了属名在语法上的构成。例如指小词、形容词。此外，还有专名的词源，如为了纪念何种人物。林奈本人也用其他植物学家的姓命名了很多属。例如，紫丹属 *Tournefortia* 就是为了纪念图尔内福的。在林奈看来，词源部分应当也包括这些信息。

------

① 　C. Linnaeus, *Philosophia botanica*, pp. 187-196.

② 　同上书，第 255 页。

③ 　同上。

（二）　理论（*Theoria*）

这里的 *theoria* 指的是属以上阶元的分类，并不是泛指的"理论"。

7. 一切选定的系统中的纲和目。

这里不应该理解为漫无边际地列举所有不同的分类系统中的纲和目，而仅仅是选定的[①]。林奈在这里应当意指的是作者自己的系统和其他重要分类学家所用的系统。

8. 所讨论的主题在不同的系统家（7）那里的属。

由于属的分类也常常发生歧异，因此也有必要列出不同系统中的属。7 和 8 这两段讨论的是要记述的自然物在不同分类系统中的位置。

（三）　属

在《植物学哲学》中，这对应着"属征"（*Characteres*）一章。

9. 显示一切可能属征特点的自然属征。

对比林奈在《植物学哲学》中对"自然属征"下的定义：

189. 自然的属征（186）应当归集起一切（92—113）可能（167）的属的特点；因而它包括了本质属征（187）和人

---

① 　A. J. Cain, "The *Methodus* of Linnaeus", p. 233.

为属征（188）。①

自然属征的特点是，只有发现了新种，从而可以排除多余的特征时才需要被改正。

在林奈看来，所谓"一切属征的特点（ *Nota Characteristica* ）应当根据结实器官那些有差异的部分的数目、形状、比例和位置而定"。同时，还要注意"一属内的那种对定属重要的特点，在另一属上并不必然有同等价值"②。

10. 展示该属最为独有的特点的本质属征。

在上文已经指出，"本质属征"的名称容易引起误解，但是林奈在不同地方已经做了十分清楚的解说。《植物学哲学》中对本质属征的定义是：

187. 本质的属征（186）是根据其独有的（171）和特异的（105）特点来划分属。

本质属征将一属区分于同一个自然目中的近缘的属。③

本质属征是越短越好的。在分类中，如果能找到本质属征，那么是最为理想的情况。

11. 在特定系统内可区分于近缘属的人为属征。

①　C. Linnaeus, *Philosophia botanica*, p. 129.
②　同上书，第 116、119 页。
③　同上书，第 128 页。

可对比人为属征在《植物学哲学》中的定义：

　　188. 人为的属征（186）将属与人为的目中的其他属区分开来。①

林奈认为约翰·雷、图尔内福、里维努斯给出的属征都属于人为属征。

12. 其他作者关于上述（9）中的属（8）的幻觉。

这是一句措辞十分严厉的话。"幻觉"的原文是 *Hallucinationes*，有"犯错"的含义。在这里，林奈是要自然志的作家指出其他系统中分属的错误。在林奈看来，能够坚持主张自然的属，是"正统派"系统家的特点。

13. 证明（9）是自然的属。

林奈认为，属、种和属以上的分类阶元有本质的不同。种和属可以是"自然的"，但纲和目不一定是。因此"自然的目"就成为了理论难题。

　　162. 自然所造就的，永远是种（155）和属（159）；栽培所造就的，常是变种（158）；自然和技艺所造就的，是纲（160）和目（161）。②

---

①　C. Linnaeus, *Philosophia botanica*, p. 129.
②　同上。

但是实际上，证明某个划分出来的属是"自然属"也并不容易。分类学家就分属的问题常常产生争论。

14. 确认选定的（11）属的名称，指出为什么拒绝其他的名称。

这里的 11 是 1 之误，也就是指向《方法》中的第一段。所谓"选定"，指的是写作志书的作者"采用"的分类系统。

林奈对于属的名称有非常苛刻的要求。这里可以列举《植物学哲学》中指出的若干应当拒绝和保留的属名类型：

220. 没有哪个正常的植物学家会引入原始的（*primitiva*）[①]属名。

221. 如果有属名是由两个完整的不同的单词构成，那么应当从植物学共和国中驱逐出去。

222. 如果有属名是由两个完整的而又相互联缀的拉丁语单词组成，那么很难被容许。

223. 如果有属名是同时混合了希腊语和拉丁语而组成的，那么则不应承认。

224. 如果有属名是一个部分的植物属名单词同另一个完整的植物属名单词组合而成的，那么这对植物学家来说是不合用的。

225. 如果有属名是在另一植物属前加缀了一两个音节，

---

① 林奈指的是"野蛮的"也即非欧洲语言中的名称和含义成疑的名称。

以此来指明另一与以前所指植物不同的属，那么这应当被排除掉。

226. 如果有属名以 *-oides*（类似……的）结尾，那么应当从植物学的集会（*forum*）上驱逐出去。

227. 如果有属名是在其他属名后增加音节而混合出来的，那么这是不合适的。

228. 如果有一些属名有类似的发音，那么这会引发误解。

229. 如果有一些属名之中并不含有希腊语和拉丁语词的词根，那么应当加以拒斥。

230. 如果有植物的属名同动物学中和矿物学中的名称一样，而在植物学中又是后起的，那么应当把这类名字交还回去。

231. 如果有属名同解剖学家、病理学家、医师（*Therapeuticor*）和工匠所用的术语名称一样，那么便应当舍弃。

232. 如果有属名同属下的某一种（的特点）含义相反，那么这样的属名是糟糕的。

233. 如果有种名同纲和目的自然名称一样，那么便应当舍弃。

234. 如果有属名是指小词（*Diminutiva*），又来自于拉丁语，那么是可以容许的，但不是最好的。

235. 形容词的属名劣于名词的属名，从而不是最好的。

236. 属名不应滥用于向圣人和其他技艺的名人邀获恩惠

或进行纪念。

237. 我保留了这样的属名，即来自于诗歌的名称、想象的神祇名、君王名或资助了植物学的赞助人的人名。

238. 用于纪念卓著的植物学家的属名，应当神圣地（*sancte*）加以保留。

239. 如无其他情况，那些对植物学无害处的属名可以容许。

240. 如果有属名能显示植物的本质属征或习性，那便是最好的。[①]

（四） 种

关于"种"的这一部分是林奈在《方法》中制订规则最多的，共计有 7 条。这事实上也是对特定的生物写作志书中最为主要的部分。

15. 展示出主题的最为完全的描述，根据的应是一切外在部分。

林奈所说的"外在部分"，在植物中是根、枝干、主干、叶、支撑器官（托叶、苞片、刺、皮刺、卷须、腺、毛）、越冬器官和结实器官（花萼、花冠、雄蕊、雌蕊、果皮、种子、花托）。林奈强调，这种描述应当是十分完全、没有遗漏的。同时，还应当按照植物生长的顺序来进行描述，描述不应当太长也不应当太短。

---

① C. Linnaeus, *Philosophia botanica*, pp. 160-187.

16. 枚举（13）中讨论的属的所有已发现的种。

这一条可以视为后续第 17 条的准备工作。

17. 展示（15）和所有（1）中讨论的种以及（16）中的种之间所有的种差。

林奈对于记述种差，也有详细的规定。林奈认为，种差构成了种加词，因此这里讨论的实际上不仅是如何描述种差的问题，也是给种加词命名的方法。在《植物学哲学》中，林奈有多条关于种差的原则：

259. 种名应当来自于植物不变异的部分。

260. 大小并不能区分种。

261. 与不同属的种做特点上的比较是错误的。

262. 与同属的种做特点上的比较也是糟糕的。

263. 发现人（Inventor）或其他任何人的名字都不应用于种差。

264. 产地不能区分种。

265. 开花和生长的时间是最为错误的种差。

266. 同种内的颜色多为可变，因此对种差来说并无价值。

267. 气味也绝不能清楚地区分种。

268. 味道总是随不同的人而有变的，因此应当排除出种差。

269. 效力和用途对植物学家来说是无用的种差。

270. 性绝不可能造成不同的种。

271. 怪物状的花（150）和植物都有自然的起源。

272. 长绒毛（166：Ⅷ）是荒谬的种差，因为在栽培中常常消失。

273. 寿命长久（*Duratio*）更多是与地点有关，与植物关系较小，因此不应用于种差。

274. 枝干的多少总是随地点而异的。

275. 根（81）总能提供实际的（*realis*）种差，但只有当别无出路时才应诉诸根部。

276. 主干（82）的特点总是最好的种差。

277. 叶（83）显示了最精细和最自然的种差。

278. 支撑器官（84）和越冬器官（85）通常留下了最好的种差。

279. 花序（163：Ⅺ）是最为实际的种差。

280. 结实器官的各部分总能提供最稳定的种差。

281. 属的特点（192）用于种差是荒谬的。

282. 一切种差都必然得自于植物各不同部分（80—86）的数目、形状、比例和位置。①

18. 保留最首要的种差，并拒绝其他的。

林奈认为种名越短越好。需要注意，这里的"最首要的种差"是复数，而非单数。

---

① C. Linnaeus, *Philosophia botanica*, pp. 206-225.

19. 把主题的种的种差合在一起，给出为什么重视每一个词的原因。

林奈的"种差"并不是一个词，而是一个短语，最长不能超过 12 个词。

20. 展示所讨论的种的所有其他作者给出的变种。

对于植物，林奈认为"变种"有两种，一种是自然的，另一种是怪物式的变种（*Varietates monstrosae*）。怪物式的变种有残缺的、重瓣的、满盈的、增生的花，以及过盛的、成束的、折叠的、残缺的枝干。植物学家应当只关心重大的变种，病变、颜色等本来就不稳定的性状不应该予以考虑。

21. 把变种归约在自然的种下，给出原因。

林奈认为，"把各种变种归到其种下，并不比把种归到其属下的意义更小"①。有些植物有非常多的变种，但是实际上是一种植物。林奈在这里谈的是如何把这些变种确定为同一个种的问题。

（五）　属性

以下几节的内容大多数是不需要过多解释的。需要注意的是，林奈似乎并没有像在形态学中那样，为这些属性制定十分严格的术语，而是一般使用日常词汇。

22. 生育、生长、活跃、交配、诞生、衰老和消失的季节。

---

①　C. Linnaeus, *Philosophia botanica*, p. 248.

23.诞生的位置。区域、省份。

24.诞生的位置。位置的经度和纬度。

25.诞生的位置。气候、土壤。

26.生活（Vita）。食物、习性（mores）、影响。

27. 躯体的解剖，特别是奇特的事物（curiosa），以及显微镜下的检视。

所谓"影响"指的是气候、土壤等环境因素对自然物的影响。

（六）　用途

28.实际的、可能的和各民族中的经济用途。

29.食用用途及其对人体的作用。

30.物理用途，及其作用的方式和构成的诸原（princepia）。

31.根据用火分解的诸原的化学用途。

32.可真正用于疾病的医学用途，由理性或实验证明。

33.药学上的医学用途，何种部分、何种准备、何种成分。

34.最佳的用药（exhibendi）方法、剂量和注意事项。

（七）　有关文字记述的（Literaria）

35.发现者、发现的地点和时间。

36.与主题有关的各种令人喜欢和愉快的历史传统。

37.需要拒绝的无用迷信。

38.可用于增色的诗歌。

在上面这个漫长的列表中，林奈给出了几乎有关自然物一切可以记述的方面。然而，这样一种 *methodus* 应当运用于何处呢？我们指出，第一版《自然系统》中"方法"一文的副标题中的 *historia* 是这一问题的关键。林奈写作的与分类有关的著作，如《植物的种》(*Species plantarum*)、《植物的属》(*Genera plantarum*)、《植物的纲》(*Classes plantarum*) 中，从来没有依照这样的结构来记述植物。林奈"方法"一文所针对的并不是这种分类学工作，而是一种自然"志"(*historia*) 的计划。在汉语学术文献中——不论是植物学教科书还是科学史著作——常常将林奈的 *Species plantarum*、*Genera plantarum* 等著作翻译成《植物种志》和《植物属志》，这种译名是错误的，或至少有误导性的。这不仅仅是因为这样的译法在字面上多了一个拉丁文原文中没有的衍字"志"(*historia*)，而且关乎林奈对整个自然志科学的理解。

在林奈之前，将 *historia* 用作自然志著作的标题，是屡见不鲜的。或者，即便没有在标题中使用 *historia* 一词，自然志家也常常在正文中使用——在文艺复兴时期已经有扎卢然斯基等人的先例。然而，在林奈那里，*historia* 一词却极少使用，甚至对 *historia naturalis* 一词也并不热衷。在《植物学哲学》的开篇，林奈用"自然科学"(*scientia naturalis*) 而不是"自然志"(*historia naturalis*) 来作为"物理学"(*physica*) 也即数理科学的对立面：

1. 在大地上出现的一切事物，都可冠以元素物

（*Elementa*）或自然物（*Naturalia*）之名。

元素物是单一的，而自然物是以各种方式复合的。

物理学（*Physica*）研究元素物的属性。

自然科学（*Scientia Nauturalis*）研究自然物的属性。[1]

根据缪勒－维勒的考证，甚至在林奈的授课中，也拒绝把文艺复兴时期自然志家所理解的 *historia* 当作植物学的归属：

今天的植物学，并不如她从前一样，被看作是史志（historiae）或物理学的一部分，她也绝不如此。但是对旧时的作家来说，她不能被称作什么别的，只能是史志（Historia），正如他们毫不关心别的，唯独只描述她的诞生（uppkomst）。而她不能是物理学的一部分，因为自然科学和物理学绝无关联。她之为科学（Scientia），是因为人们不仅知道植物学的诞生和属于史志的东西，还开始看去审视其他植物的属性。[2]

林奈要对过去的自然志进行一番改革，这种改革要对从古代到文艺复兴时期自然志知识进行一次改造。林奈眼中的 *scientia*

---

[1]　C. Linnaeus, *Philosophia botanica*, p. 1.

[2]　转引自 S. Müller-Wille, *"Eruditio historica, critica, antiqua*: Quellen der Naturgeschichte", in N. Wegmann and T. Rathmann eds. *"Quelle": Zwischen Ursprung und Konstrukt. Ein Leitbegriff in der Diskussion*, Berlin: Erich Schmidt Verlag, 2004, p. 91。

naturalis 要大于过去自然志家所称的 *historia naturalis*，涵盖了后者所提供的信息。而"方法"一文中的 *methodus*，就是这种新的"自然科学"的组织方法。施密特和凯因观察到了"方法"和文艺复兴时期自然志家如格斯纳、阿尔德罗万迪等人的相似，这的确不是一种偶然。凯因指出，格斯纳在写作《动物志》（*Historia animalium*）时有一种安排材料的 *methodus*①，大致的顺序是：名称、地理分布、变异、解剖学、习性、用途、食用、药用、语文学方面的材料。在阿尔德罗万迪和约翰·琼斯顿（John Jonston, 1603—1675）的著作中也有类似的结构安排。而林奈的"方法"也属于这一类安排，"从上述的说明来看，林奈在制作自己的 *Methodus* 时，远不是一个创新者"②。然而，事实上林奈的"方法"和此前的文艺复兴时期自然志著作结构有重大的不同。首先，这种不同在于结构的侧重点。林奈的"方法"中，"名称""理论"、"属""种"这些最为重要的部分，都是关于分类学和命名法的，而文艺复兴时期的百科全书家乐于记述的各种用途、语文学材料，则统统被排到了后面。可以毫不过分地说，林奈的新 *historia* 是以分类为核心的。其次，正如缪勒－维勒所指出的，在"方法"中，"林奈提出他的图式，是独立于某种自然志文本的，可应用于任何'自然物'，也即可以普遍地应用于任何一种让自然志家感兴趣的

---

① 对格斯纳是否采用 *methodus* 这个术语来指称这种顺序，是值得存疑的。

② A. J. Cain, "The *Methodus* of Linnaeus", p. 239.

矿物、植物或动物"①。换言之，林奈这里的 *methodus* 不是针对于某
部具体的著作、书籍的，而是一种普遍的、抽象的自然物的信息
项目集合，其中融入了他对于分类学的设想。我们指出，林奈的
这一 *methodus*，与今天生物多样性信息学试图规定的元数据标准
（metadata standard）——如今天在生物多样性数据库中使用的达尔
文核心集（Darwin Core）——有思想上的密切关联。

当然，林奈的时代仍然是印刷术的时代。对于林奈来说，这
种 *methodus* 的实现并不是数据库，而是书籍。更确切地说，是他
称为"专著"（monographia）的一类著作。所谓"专著"，指的是
专门的一种生物或一类生物进行描述的著作，有别于《自然系统》
《植物的属》等分类学著作。这类著作大多短小，常常不如《植物
的属》等引起生物学史家的兴趣，然而却透彻地表明了林奈"方
法"的实践。这一点早已被和林奈大约同时代的自然志家所注意
到。普尔特尼就提出，林奈 1737 年出版的《克利福德的香蕉》
（*Musa Cliffortiana*）就是"根据《系统》末附的作者自己的'展
示方法'（*Methodus Demonstrandi*）而写的，在这方面是专著作家
（Monographers）的一个范例"②。

《克利福德的香蕉》是林奈专门论述香蕉的一本典型的"专
著"，用普尔特尼的话说，也是一部"完整的志书"（compleat

---

①　S. Müller-Wille, "History Redoubled: The Synthesis of Facts in Linnaean
Natural History", p. 526.

②　R. Pulteney, *A General View of the Writings of Linnaeus*, pp. 18-19.

history）。[①] 这本著作写作的起因，是当时在林奈的友人、荷兰银行家和自然志爱好者乔治·克利福德（George Clifford III，1685—1760）的温室中，有香蕉的植株开了花。这个现象是欧洲所未见的。因此，林奈专门写了一本著作，论述香蕉的各个方面。除去书开头的导言之外，《克利福德的香蕉》的各章为：

　　1. 名称（*Nomina*）

　　2. 理论（*Theoretica*）

　　3. 属（*Genus*）

　　4. 种（*Species*）

　　5. 属性（*Attributa*）

　　6. 用途（*Usus*）

　　7. 有关文字记述（*Literaria*）

　　这一结构是"方法"一文的直接应用。此后，在数本"专著"中，林奈都用了大致的结构：首先是名称，其次讨论分类，最后记述用途、属性等，在具体的章节上，有一定的增补与缩减。[②] 由此，这里可以对"方法"一文在林奈思想中的地位进行定位：这种 *methodus* 是为志书（*historia*）写作所规定的一种普遍结构，包含了关于某一物种的所有可能的重要信息的集合，将过去的

---

① 原文如此，这是古旧的英语拼法。

② 可参考缪勒－维勒列的表格，见 S. Müller-Wille, "History Redoubled: The Synthesis of Facts in Linnaean Natural History", p. 532。

historia naturalis 规训、重新整编为一种新的自然志科学构造，这种新构造的特点是将林奈的 *systema* 内化成为其主要部分。

＊　　　　＊　　　　＊

　　经过上面的叙述，可以对林奈的工作做一小结。林奈的 *methodus* 事实上有两种基本含义。首先，是分类学内部的 *methodus*，这指的是对自然物的某种排列，*systema* 是层级式的 *methodus*，是新的自然志科学所应当追求的，而"自然系统"又是最理想的 *systema*。其次，还有一种 *methodus* 不同于分类学内部的 *methodus* 或 *systema*，是一种对于自然志科学的总体构想，这也同样是林奈思想所不能忽视的一部分，它表明了在林奈处，自然志学科对自然物产生了一种分类学式的整体把握，分类学从此高居于自然志的核心。在这个意义上，它是后林奈时代的自然志科学所共享的一种基本结构。

　　在这样一种结构中，林奈对文艺复兴时期以来的 *methodus* 做了改造——*methodus* 这个术语在林奈式自然志科学中的使用并不是偶然的，它实际上提示人们注意分类学的历史起源是一种文艺复兴时期的 *ars*（技术、技艺）。在近代欧洲自然志兴起之前，*methodus* 概念已经被理解为一种在思想上进行操作的技艺，一种教学法或记忆术的技巧。这种概念上的准备，为亚里士多德主义的古代自然志和以分类学为核心的现代自然志科学架起了桥梁，它助产了亚里士多德那里所没有的所谓"分类学筹划"。分类学的兴起，使得自然志家只有将自然物归入某个分类系统，将自然物制备为一种可以随时索引得到的常备物，才算完全把握了自然物，*methodus* 和后面的 *systema* 就代表了这种操作。如果纵览从切萨尔皮诺到林奈的分类学史，那么可以看到分类学的历史中有一条从文艺复兴式的 *methodus* 到林奈式 *systema* 的发展线索——分类学在诞生之初就是作为对 *methodus* 的研究和构造而出现的。自扎卢然斯基开始直到约翰·雷，借助于文艺复兴时期的 *methodus* 观念，层级式的分类结构（尽管阶元尚不固定）和对视觉的强调进入了自然志。这两点的彻底化便是林奈的 *systema*。经过林奈的改革，分类学的目的不再仅仅是纯粹的实用性和简便性，在 *systema* 的名下，对单一的分类原则和整齐的固定结构的追求成为了林奈式分类学的内在要求，分类学的研究对象也由此固定为今人所理解的"分类系统"。近代欧洲自然志对自然的重新构造在这种概念演进史中得到了确证。

参考文献

Abramowiczówna, Z. red. *Słownik grecko-polski*. Tom III: Λ-Π. Warszawa: Państwowe Wydawnictwo Naukowe, 1962.

Aldrovandi, U. *Ornithologiae hoc est de auibus historiae libri XII*. Bononiae: Apud Io. Bapt. Bellagambam, 1599.

Arber, A. R. *Herbals, Their Origin and Evolution, a Chapter in the History of Botany, 1470—1670*. Cambridge University Press, 1912.

Ashworth W., Jr. "Emblematic natural history of the Renaissance". In N. Jardine, J. A. Secord and E. C. Spary eds. *Culutres of Natural History*, pp. 17-37, 461-462. Cambridge: Cambridge University Press, 1996.

——. "Natural History and the Emblematic World View". In D. C. Lindberg and R. S. Westman eds. *Reappraisals of the Scientific Revolution*, pp. 303-332. Cambridge: Cambridge University Press, 1990.

Atran, S. *Cognitive Foundations of Natural History: Towards an Anthropology of Science*. Paris: Editions de la Maison des sciences de l'homme, 1990.

Bacon, F. *The New Organon*. Edited by L. Jardine and M. Silverthorne. Cambridge: Cambridge University Press, 2000.

Balme, D. M. "Aristotle's Use of *differentiae* in Zoology". In S. Mansion ed. *Aristote et les problèmes de méthode*, pp. 195-212. Louvain: Publications Universitaires de Louvain, 1961.

——. "Aristotle's Use of Division and *differentiae*". In A. Gotthelf and J. G. Lennox eds. *Philosophical Issues in Aristotle's Biology*, pp. 69-89. Cambridge: Cambridge University Press, 1987.

——. "Γένος and εἶδος in Aristotle's Biology". *The Classical Quarterly* (New

Series), vol. 12, no. 1, 1962, pp. 81-98.

Bäumer, Ä. *Geschichte der Biologie. Band I. Biologie von der Antike bis zur Renaissance.* Peter Lang, 1991.

Bellorini, C. *The World of Plants in Renaissance Tuscany: Medicine and Botany.* Routledge, 2016.

Blum, P. K. ed. *Philosophers of the Renaissance.* Translated by B. McNeil. Washington D. C.: The Catholic University of America Press, 2010.

Bonitz, H. *Index Aristotelicus.* Berlin: G. Reimer, 1870.

Boss, J. "The *methodus medendi* as an Index of Change in the Philosophy of Medical Science in the Sixteenth and Seventeenth Centuries". *History and Philosophy of the Life Sciences*, vol. 1, no. 1, 1979, pp. 13-42.

Bremekamp, C. E. B. (1953). "A Re-examination of Cesalpino's Classification". *Acta Botanica Neerlandica*, vol. 1, no. 4, 1953, pp. 580-593.

Cain, A. J. "John Ray on 'accidents'". *Archives of Natural History*, vol. 23, no. 3, 1996, pp. 343-368.

——. "The *Methodus* of Linnaeus". *Archives of Natural History*, vol. 19, no. 2, 1992, pp. 231-250.

Callot, É. "Système et méthode dans l'histoire de la botanique". *Revue d'histoire des sciences*, vol. 18, no. 1, 1965, pp. 45-71.

Carlin, L. *The Empiricists: A Guide for the Perplexed.* London: Continuum, 2009.

Caruel, T. *Illustratio in hortum siccum Andreae Caesalpini.* Florentiae: Typis Le Monnier, 1858.

Cassier, E. *Das Erkenntnisproblem in der Philosophie und Wissenschaft der neueren Zeit.* 2 Bände Berlin: B. Cassier, 1906—1907.

Cesalpino, A. *De plantis libri XVI.* Florentiæ: Apud G. Marescottum, 1583.

——. *Quaestionum peripateticarum libri V.* Venice: Iuntas, 1593.

Čelakovský, L. "Adam Zalužanský ze Zalužan ve svém pom ě ru k náuce o pohlaví rostlin". *Osvěta*, vol. 6, no. 1, 1876, pp. 33-54.

Čermáková, L. *Úloha smyslového vnímání při poznávání a popisu přírody v renesanci.* Diss. Univerzita Karlova, 2013.

Čermáková, L. and Janko, J. "Od medicíny k botanice: Milník Zalužanský". *Dejiny ved a techniky*, vol. 48, no. 1, 2015, pp. 6-24.

Colla, L. *L'antolegista botanico.* Vol. II. Torino: Coi Tipi di Domenico Pane, 1813.

Daudin, H. *De Linné à Lamarck: Méthodes de la classification et idée de série en botanique et en zoologie (1740—1790).* Paris: F. Alcan, 1926.

de Candolle, A. P. *Introduction a l'étude de la botanique ou Traité élémentaire.* Bruxelles: Meline, Cans et compagnie, 1837.

Davies, R. "The Creation of New Knowledge by Information Retrieval and Classification". *Journal of Documentation*, vol. 45, no. 4, 1989, pp. 273-301.

Dear, P. (1998). "Method and the Study of Nature". In D. Garber and M. Ayers eds. *The Cambridge History of Seventeenth-Century Philosophy*, Vol. II, pp. 147-177. Cambridge: Cambridge University Press.

Di Liscia, D. A. *et al. Method an Order in Renaissance Philosophy of Nature: The Aristotle Commentary Tradition.* Aldershot: Ashgate, 1997.

Dictionnaire universel françois et latin. Tome 3. Paris: La Compagnie des Libraires Associe's, 1721.

Diemer, A. ed. *System und Klassifikation in Wissenschaft und Dokumentation: Vorträge und Diskussionen im April 1967 in Düsseldorf.* Meisenheim an Glan: Verlag Anton Hain, 1968.

Drouin, J.-M. "Principles and Uses of Taxonomy in the Works of Augustin-Pyramus de Candolle". *Studies in History and Philosophy of Science Part C: Studies in History and Philosophy of Biological and Biomedical Sciences*, vol. 32, no. 2, 2001, pp. 255-275.

Dryander, J. *Catalogus bibliothecae historico-naturalis Josephi Banks.* Tomus V. London: Typis Gul. Bulmer et Soc., 1800.

Edelstein, L. "The Methodists". In O. Temkin & C. L. Temkin eds. *Ancient Medicine: Selected Papers of Ludwig Edelstein*, pp. 173-191. Baltimore: Johns Hopkins Press, 1967.

Eijk, P. J. "Antiquarianism and Criticism: Forms and Functions of Medical Doxography in Methodism (Soranus and Caelius Aurelianus)". In P. J. Eijk, *Ancient Histories of Medicine: Essays in Medical Doxography and Historiography in Classical Antiquity*, pp. 397-452. Leiden: Brill, 1999.

Eisnerová, V. "Zalužanský ze Zalužan, Adam". In C. C. Gillispie ed. *Dictionary of Scientific Biography*, Vol. 14, p. 586. New York: Charles Scribner's Sons, 1981.

Eucken, R. *Geschichte der philosophischen Terminologie im Umriss.* Leipzig: Verlag von Veit & Comp, 1879.

Fabricius, J. C. *Philosophia entomologica.* Hamburg: Kilonii, 1778.

Ferejohn, M. "Empiricism and the First Principles of Aristotle's Science". In G. Anagnostopoulos ed. *A Companiaon to Aristotle*, pp. 66-80. Oxford: Wiley-Blackwell, 2009.

Figulus, C. *Dialogus qui inscribitur botano methodus, sive herbarum methodus.* Coloniae: Apud Iohannem Schoenstenium, 1450.

Findlen, P. *Possessing Nature: Museums, Collecting, and Scientific Culture in Early Modern Italy.* University of California Press, 1994.

——. "Sites of Anatomy, Botany, and Natural History". In K. Park and L. Daston eds. *The Cambridge History of Science, Vol. 3: Early Modern Science*, pp. 272-289. Cambridge: Cambridge University Press, 2006.

Foucault, M. *Les mots et les choses: Une archéologie des sciences humaines.* Éditions Gallimard, 1966.

Frati, L. *et al. Catalogo dei manoscritti di Ulisse Aldrovandi.* Bologna: Zanichelli, 1907.

Frede, M. "Aristotle's Rationalism". In M. Frede and G. Striker eds. *Rationality in Greek thought*, pp. 157-173. Oxford: Clarendon Press, 1996.

——. "The Method of So-called Methodical School of Medicine". In M. Frede, *Essays in Ancient Philosophy,* pp. 261-278. Minneapolis: University of Minnesota Press, 1987.

——. "On Galen's Epistemology". In M. Frede, *Essays in Ancient Philosophy*, pp. 279-298. Minneapolis: University of Minnesota Press, 1987.

Funk, H. "Adam Zalužanský's *De sexu plantarum* (1592): An Early Pioneering Chapter on Plant Sexuality". *Archives of Natural History*, vol. 40, no. 2, 2013, pp. 244-256.

——. "Describing Plants in a New Mode: The Introduction of Dichotomies into Sixteenth-century Botanical Literature". *Archives of Natural History*, vol.

41, no. 1, 2014, pp. 100-112.

Gilbert, N. *Renaissance Concepts of Method*. New York: Columbia University Press, 1960.

Glardon, P. *L'histoire naturelle au XVIe siècle: Introduction, étude et édition critique de* La nature et diversité des poissons *(1555) de Pierre Belon*. Genève: Droz, 2011.

Greene, E. L. *Landmarks of Botanical History: A Study of Certain Epochs in the Development of the Science of Botany*. Part I. Washington: The Smithsonian Institution, 1909.

——. *Landmarks of Botanical History: A Study of Certain Epochs in the Development of the Science of Botany*. Part II. Stanford: Stanford University Press, 1983.

Griffing, L. R. "Who Invented the Dichotomous Key? Richard Waller's Watercolors of the Herbs of Britain". *American Journal of Botany*, vol. 98, no. 12, 2011, pp. 1911-1923.

Hall, M. B. *The Scientific Renaissance, 1450—1630*. New York: Harper & Brothers.

Heim, R. *et al. Tournefort*. Paris: Muséum national d'Histoire naturelle, 1957.

Heller, J. L. *Studies in Linnaean Method and Nomenclature*. Frankfurt am Main: Verlag Peter Lang, 1983.

Hoquet, T. ed. *Les fondements de la botanique: Linné et la classification des plantes*. Paris: Vuibert, 2005.

Horky, P. S. *Plato and Pythagoreansim*. New York: Oxford University Press, 2013.

Kamiński, S. "Jakuba Zabarelli koncepcja metody poznania naukowego". *Roczniki filozoficzne*, vol. 19, no. 1, 1971, pp. 57-72.

Kibre, P. and Kelter, I. A. "Galen's *Methodus medendi* in the Middle Ages". *History and Philosophy of the Life Sciences*, vol. 9, no. 1, 1987, pp. 17-36.

Knape, J. *Historie in Mittelalter und Früher Neuzeit: Begriffs- und Gattungsgeschichtliche Untersuchungen im interdisziplinären Kontext*. Baden-Baden: Verlag Valentin Koerner, 1984.

Kollár, J. *Spisy Jana Kollára*. Díl 1. Praha: I. L. Kober, 1862.

Kullmann, W. *Aristoteles als Naturwissenschaftler*. Berlin/München: De Gruyter, 2014.

Kwa, C. *Styles of Knowing: A New Histsory of Science from Ancient Times to the Present*. Translated by D. McKay. Pittsburgh: University of Pittsburgh Press, 2011.

Larson, J. *Reason and Experience: The Representation of Natural Order in the Work of Carl von Linné*. Berkeley: University of California Press, Berkeley, 1971.

Lazenby, E. M. *The* Historia plantarum generalis *of John Ray*. Vol. 1-3. Diss. Newcastle University, 1995.

Lennox, J. G. "Aristotle on Norms of Inquiry". *HOPOS: The Journal of the International Society for the History of Philosophy of Science*, vol. 1, no. 1, 2011, pp. 23-46.

——. "How to Study Natural Bodies: Aristotle's μέθοδος". In M. Leunissen ed. *Aristotle's* Physics*: A Critical Guide*, pp. 10-30. Cambridge: Cambridge University Press, 2015.

Lerner, M.-P. "The Origin and Meaning of 'World System'". *Journal for the History of Astronomy*, vol. 36, no. 4, 2005, pp. 407-441.

Liddell, H. G. and Scott, R. *A Greek-English Lexicon*. 7th edition. New York, Chicago, Cincinnati: American Book Company, 1901.

Linnaeus, C. *Bibliotheca botanica*. Amstelodam: Apud Salomonem Schouten, 1736.

——. *Classes plantarum*. Lugduni Batavorum: C. Wishoff, 1738.

——. *The Elements of Botany: Being a Translation of the Philosophia botanica, and Other Treatises of the Celebrated Linnæus, by Hugh Rose*. London: Cadell, 1775.

——. *Genera plantarum*. Lugduni Batavorum: C. Wishoff, 1737.

——. *Linnaeus's Philosophia botanica*. Translated by S. Freer. Oxford University Press, 2006.

——. *Philosophia botanica*. Stockholm: Godofr. Kiesewetter, 1751.

——. *Philosophia botanica*. Vindobonae: Typis Joannis Thomaem, 1770.

——. *Philosophie botanique de Charles Linné*. Traduite par Fr.-A. Quesné.

Rouen: Leboucher le jeune, 1788.

——. *Systema naturae*. Lugduni Batavorum: Apud Theodorum Haak, 1735.

——. *Systema naturae*. Editio secunda. Stockholm: Apud Gottfr. Kiesewetter, 1740.

Lloyd, G. E. R. "The Development of Aristotle's Theory of the Classification of Animals". *Phronesis*, vol. 6, no. 1, 1961, pp. 59-81.

Maat, J. *Philosophical Languages in the Seventeenth Century: Dalgarno, Wilkins, Leibniz*. Springer, 2004.

Maclean, I. *Logic, Signs and Nature in the Renaissance: The Case of Learned Medicine*. Cambridge & New York: Cambridge University Press, 2001.

Maiwald, V. *Geschichte der Botanik in Böhmen*. Wien: C. Fromme, 1904.

Malherbe, M. "Bacon's Method of Science". In M. Peltonen ed. *The Cambridge Campanion to Bacon*, pp. 75-98. Cambridge: Cambridge University Press, 1996.

Mattirolo, O. *L'opera botanica di Ulisse Aldrovandi*. Bologna: Regia Tipografia, Fratelli Merlani, 1897.

Mayr, E. *The Growth of Biological Thought: Diversity, Evolution, and Inheritance*. Cambridge: The Belknap Press of Harvard University Press, 1982.

——. *Principles of Systematic Zoology*. New York: McGraw-Hill, 1969.

Mayr, E., *et al. Methods and Principles of Systematical Zoology*. New York: McGraw-Hill, 1953.

Mayr, E. and Bock, W. J. "Classifications and Other Ordering Systems". *Journal of Zoological Systematics and Evolutionary Research*, vol. 40, no. 4, 2002, pp. 169-194.

Meineke, A. *Fragmenta comicorum Graecorum. Volumen III: Fragmenta poetarum comoediae mediae continens*. Berlin: G. Reimer, 1840.

Meyer, J. B. *Aristoteles Thierkunde: Ein Beitrag zur Geschichte der Zoologie, Physiologie und alten Philosophie*. Berlin: Druck und Verlag von Georg Reimer, 1855.

Minelli, A. *Biological Systematics: The State of the Art*. London: Chapman & Hall, 1994.

Mittelstrass, J. "Nature and Science in the Renaissance". In R. S. Woolhouse ed. *Metaphysics and Philosophy of Science in the Seventeenth and Eighteenth Centuries: Essays in Honour of Gerd Buchdahl*, pp. 17-43. Dordrecht: Kluwer Academic Publishers, 1988.

Morini, F. "La *Syntaxis plantarum* de U. Aldrovandi". In *Intorno alla vita e alle opere di Ulisse Aldrovandi*, pp. 195-223. Bologna: Libereria Treves di L. Beltrami, 1907.

Morton, A. G. "Marginalia to Andrea Cesalpino's Work on Botany". *Archives of Natural History*, vol. 10, no. 1, 1981, pp. 31-36.

Mugnai Carrara, D. "Una polemica umanistico-scolastica circa l'interpretazione delle tre dottrine ordinate di Galeno". *Annali dell'Istituto e Museo di Storia della Scienza di Firenze*, vol. 8, no. 1, 1983, pp. 31-57.

Müller-Wille, S. *Botanik und weltweiter Handel: Zur Begründung eines Natürlichen Systems der Pflanzen durch Carl von Linné (1707—1778)*. Berlin: VWB-Verlag für Wissenschaft und Bildung, 1999.

——. "*Eruditio historica, critica, antiqua*: Quellen der Naturgeschichte". In N. Wegmann and T. Rathmann eds. *"Quelle": Zwischen Ursprung und Konstrukt. Ein Leitbegriff in der Diskussion*, pp. 89-101. Berlin: Erich Schmidt Verlag, 2004.

——. "History Redoubled: The Synthesis of Facts in Linnaean Natural History". In G. Engel *et al.* eds. *Philosophies of Technology: Francis Bacon and His Comtemporaries*, pp. 515-538. Leiden: Brill, 2008.

——. "Systems and How Linnaeus Looked at Them in Retrospect". *Annals of Science*, vol. 70, no. 3, 2013, pp. 305-317.

Neri, J. *The Insect and the Image: Visualizing Nature in Early Modern Europe, 1500—1700*. University of Minnesota Press, 2011.

Ogilvie, B. W. *The Science of Describing: Natural History in Renaissance Europe*. Chicago: The University of Chicago Press, 2006.

O'Hara, Robert J. *The History of Systematics: A Working Bibliography, 1965—1996*. 2016/12/2 <http://dx.doi.org/10.2139/ssrn.2541429>.

Olmi, G. *L'inventario del mondo: Catalogazione della natura e luoghi del sapere nella prima età moderna*. Bologna: Il Mulino, 1992.

——. *Ulisse Aldrovandi: Scienza e natura nel secondo cinquecento.* Trento: Libera Università degli Studi di Trento, 1976.

Ong, W. J. *Ramus, Method, and the Decay of Dialogue.* Chicago: University of Chicago Press, 2004.

Passow, F. *Handwörterbuch der griechischen Sprache.* Band 2.1. Leipzig: Fr. Chr. Wilh. Vogel, 1852.

Pellegrin, P. "Ancient Medicine and Its Contribution to the Philosophical Tradition". In M. L. Gill & P. Pellegrin eds. *A Companion to Ancient Philosophy*, pp. 664-685. Malden & Oxford: Blackwell Publisher, 2006.

——. *Aristotle's Classification of Animals: Biology and the Conceptual Unity of the Aristotelian Corpus.* Translated by A. Preus. Berkeley and Los Angeles: University of California Press, 1986.

Poppi, A. "Zabarella, or Aristotelianism as a Rigorous Science". In R. Pozzo ed. *The Impact of Aristotelianism on Modern Science*, pp. 35-63. Washington D.C.: The Catholic University of America Press, 2004.

Portus, A. and Küster, L. *Suidae lexicon, Graece & Latine.* Tomus II. Cambridge: Typis Academicis, 1705.

Pulteney, R. *A General View of the Writings of Linnaeus.* London: T. Payne & B. White, 1781.

Randall, J. H. "The Development of Scientific Method in the School of Padua". *Journal of the History of Ideas*, vol. 1, no. 2, 1940, pp. 177-206.

——. *The School of Padua and the Emergence of Modern Science.* Padova: Antenore, 1961.

Raven, C. *John Ray, Naturalist: His Life and Works.* Cambridge: Cambridge University Press, 2009.

Ray, J. *Catalogus plantarum Angliae.* London: Martyn, 1677.

——. *Catalogus plantarum circa cantabrigiam nascentium.* London: Apud Jo. Martin, Ja. Allestry, Tho. Dicas, 1660.

——. *The Correspondence of John Ray, Consisting of Selections from the Philosophical Letters Published by Dr. Derham, and Original Letters of J. Ray, in the Collection of the British Museum.* London: The Ray Society, 1848.

——. *Methodus plantarum nova.* London: Impensis Henrici Faithorne & Joannis

Kersey, 1682.

——. *Methodus plantarum nova*. Translated by S. A. Nimis *et al*. London: The Ray Society, 2014.

Richards, R. A. *Biological Classification: A Philosophical Introduction*. Cambridge University Press, 2016.

Ritvo, H. *The Platypus and the Mermaid and Other Figments of the Classifying Imagination*. Cambridge: Harvard University Press, 1997.

Rossi, P. *Clavis universalis: Arti mnemoniche e logica combinatoria da Lullo a Leibniz*. Milano: R. Ricciardi, 1960.

Sachs, J. von. *History of botany (1530—1860)*. Translated by H. E. F. Garnsey and I. B. Balfour. Oxford: The Clarendon Press, 1890.

Sellberg, E. "Petrus Ramus". In Edward N. Zalta ed. *The Stanford Encyclopedia of Philosophy* (Summer 2016 Edition), 2016/11/19 <https://plato.stanford.edu/archives/sum2016/entries/ramus/>.

Schmidt, K. P. "The 'Methodus' of Linnaeus, 1736". *Journal of the Society for the Bibliography of Natural History*, vol. 2, no. 9, 1952, pp. 369-374.

Schultes, J. A. *Grundriss einer Geschichte und Literatur der Botanik, von Theophrastos Eresios bis auf die neuesten Zeiten; nebst einer Geschichte der botanischen Gärten*. Wien: C. Schaumburg und Compagnie, 1817.

Schulz, R. "System, biologisches". In J. Ritter *et al*. eds. *Historisches Wörterbuch der Philosophie*, Band X, pp. 857-862. Basel: Schwabe Verlag, 1998.

Simili, R. ed. *Il teatro della natura di Ulisse Aldrovandi*. Bologna: Editrice Compositori, 2001.

Slaughter, M. M. *Universal Languages and Scientific Taxonomy in the Seventeenth Century*. Cambridge University Press, 1982.

Sloan, P. R. "John Locke, John Ray, and the Problem of the Natural System". *Journal of the History of Biology*, vol. 5, no. 1, 1972, pp. 1-53.

Stafleu, F. A. *Linnaeus and the Linnaeans: The Spreading of Their Ideas in Systematic Botany, 1735—1789*. Utrecht: A. Oosthoek's Uitgeversmaatschappij, 1971.

Stevens, P. F. *The Development of Biological Systematics: Antoine-Laurent de Jussieu, Nature, and the Natural System*. New York: Columbia University

Press, 1994.

Stöver, D. H. *Leben des Ritters Carl von Linné nebst den biographischen Merkwürdigkeiten seines Sohnes Carl von Linné und einem vollständigen Verzeichnisse seiner Schriften, deren Ausgaben, Übersetzungen, Auszüge und Commentare.* Hamburg: B. G. Hoffmann, 1792.

Stroup, A. *A Company of Scientists.* Berkeley: University of California Press, 1990.

Taiz, L. and Taiz, L. *Flora Unveiled: The Discovery and Denial of Sex in Plants.* Oxford University Press, 2016.

Tagliaferri, M. C. *et al.* "Ulisse Aldrovandi als Sammler: Das Sammeln als Gelehrsamkeit oder als Methode wissenschaftlichen Forschens?" In A. Grote ed. *Macrocosmos in Microcosmo: Die Welt in der Stube. Zur Geschichte des Sammelns 1450 bis 1800,* pp. 265-281. VS Verlag für Sozialwissenschaften, 1994.

Temkin, O. *Galenism: Rise and Decline of a Medical Philosophy.* Ithaca: Cornell University Press, 1973.

Tieleman, T. "Methodology". In R. J. Hankinson ed. *The Cambridge Companion to Galen,* pp. 49-65. Cambridge & New York: Cambridge University Press, 2008.

Toepfer, G. *Historisches Wörterbuch der Biologie: Geschichte und Theorie der biologischen Grundbegriffe.* Band III. Stuttgart: Verlag J. B. Metzler, 2011.

Tosi, A. ed. *Ulisse Aldrovandi e la Toscana: Carteggio e testimonianze documentarie.* Firenze: Leo S. Olschki Editore, 1989.

Tournefort, J. P. *Élémens de botanique, ou méthode pour connoître les plantes.* Paris: De l'Imprimerie Royale, 1694.

———. *Institutiones rei herbariae.* Tomus I. Paris: E Typograpia Regia, 1700.

Tugnoli Pattaro, S. "Filosofia e storia della natura in Ulisse Aldrovandi". In R. Simili ed. *Il teatro della natura di Ulisse Aldrovandi,* pp. 9-19. Bologna: Editrice Compositori, 2001

———. *La formazione scientifica e il "Discorso naturale" di Ulisse Aldrovandi.* Università di Trento, 1977.

———. *Metodo e sistema delle scienze nel pensiero di Ulisse Aldrovandi.* Bologna:

Editrice CLUEB, 1981.

Tuxen, L. "The entomologist, J. C. Fabricius". *Annual Review of Entomology*, vol. 12, 1967, pp. 1-15.

Vines, S. H. "Robert Morison 1620—1683 and John Ray 1627—1705". In F. W. Oliver ed. *Makers of British Botany: A Collection of Biographies by Living Botanists*, pp. 8-43. Cambridge: Cambridge University Press, 1913.

Wallace, W. A. *Galileo's Logic of Discovery and Proof: The Background, Content, and the Use of His Appropriated Treatises on Aristotle's* Posterior Analytics. Dordrecht: Kluwer Academic Publishers, 1992.

Wilkins, J. *Essay towards a Real Character and a Philosophical Language*. London: Gellibrand, 1668.

Wilkins, J. S. "Essentialism in Biology". In K. Kampourakis ed. *The Philosophy of Biology: A Companion for Educators*, pp. 395-420. Springer, 2013.

Williams, D. M. and Forey, P. L. *Milestones in Systematics*. Boca Raton: CRC Press, 2004.

Winsor, M. P. "Cain on Linnaeus: The Scientist-Historian as Unanalysed Entity". *Studies in History and Philosophy of Science, Part C*, vol. 32, no. 2, 2001, pp. 239-254.

——. "The Creation of the Essentialism Story: An Exercise in Metahistory". *History and Philosophy of the Life Sciences*, vol. 28, no. 2, 2006, pp. 149-174.

Zabarella, J. *On Methods*. Volume I-II. Edited and translated by J. P. McCaskey. Cambridge: Harvard University Press, 2013.

Zagorin, P. *Francis Bacon*. Princeton: Princeton University Press, 1998.

Zalužanský, A. *Methodi herbariae libri tres*. Pragae: Georgij Dacziceni, 1592.

Дворецкий, И. Х. сост. *Древнегреческо-русский словарь*. Том II: М-Ω. Москва: Государственное издательство иностранных и национальных словарей, 1958.

Линней, К. *Философия ботаники*. Перевод Н. Н. Забинковой, С. В. Сапожникова, под ред. М. Э. Кирпичникова. Москва: Наука, 1989.

Любарский Г. Ю. & Павлинов И. Я. *Биологическая систематика: Эволюция идей*. Москва: Зоологический музей МГУ, 2011.

Павлинов, И. Я. *История биологической систематики: Эволюция идей.* Berlin: Palmarium Academic Publishing, 2013.

——. *Таксономическая номенклатура. Книга 1. От Адама до Линнея.* Москва: Зоологический музей МГУ, 2013.

——. *Таксономическая номенклатура. Книга 2. От Линнея до первых кодексов.* Москва: Товарищество научных изданий КМК, 2014.

В. А. 阿烈克谢耶夫：《达尔文主义》，上卷，第一分册，罗颖之译，刘烈文、柳子明校，财政经济出版社，1953 年。

池田知久："中国思想史中'自然'的诞生"，载沟口雄三、小岛毅主编：《中国的思维世界》，孙歌等译，江苏人民出版社，2006 年。

大場秀章：《標本は語る――*Systema naturae*》，東京大學總合研究博物館，2005 年。

E. J. 戴克斯特豪斯：《世界图景的机械化》，张卜天译，商务印书馆，2015 年。

P. L. 法伯：《探寻自然的秩序――从林奈到 E. O. 威尔逊的博物学传统》，杨莎译，商务印书馆，2017 年。

P. 法拉：《性、植物学与帝国――林奈与班克斯》，李猛译，商务印书馆，2017 年。

M. 福柯：《词与物――人文科学考古学》，莫伟民译，上海三联书店，2001 年。

古山陽司："近世日本植物学史研究序說"，《法政史学》，1959 年第 12 期。

胡先骕：《种子植物分类学讲义》，中华书局，1951 年。

胡翌霖："Natural History 应译为'自然史'"，《中国科技术语》，2012 年第 6 期。

H. F. 科恩：《科学革命的编史学研究》，张卜天译，湖南科学技术出版社，2012 年。

李善兰：《植物学》，韦廉臣、艾约瑟辑译，上海交通大学出版社，2014 年。

J. 列文："博物学与科学革命的历史"，姜虹译，熊姣校，载江晓原、刘冰主编：《科学的畸变》，华东师范大学出版社，2012 年。

刘华杰：《博物学文化与编史》，上海交通大学出版社，2015 年。

芦笛："晚清《植物学》一书的外文原本问题"，《自然辩证法通讯》，2015 年第 6 期。

A. B. 伦德勒:《有花植物分类学》,第1册,钟补求译,科学出版社,1958年。

罗念生、水建馥:《古希腊语汉语词典》,商务印书馆,2004年。

E. 迈尔:《生物学思想发展的历史》,涂长晟等译,四川出版集团、四川教育出版社,2010年。

E. 麦尔(迈尔)等:《动物分类学的方法和原理》,郑作新等译,科学出版社,1965年。

F. 培根:《新工具》,许宝骙译,商务印书馆,1984年。

千葉県立中央博物館:《リンネと博物学——自然誌科学の源流》,増補改訂版,文一総合出版,2008年。

沈显生:《植物学拉丁文》,中国科学技术大学出版社,2010年。

W. T. 斯特恩:《植物学拉丁文》(下册)秦仁昌译,余德浚、胡昌序校,科学出版社,1981年。

汪劲武:《种子植物分类学》(第2版)高等教育出版社,2009年。

吴国盛:"自然的发现",《北京大学学报》(哲学社会科学版),2008年第2期。

吴国盛:"自然史还是博物学?",《读书》,2016年第1期。

熊姣:《约翰·雷的博物学思想》,上海交通大学出版社,2015年。

徐保军:"建构自然秩序——林奈的博物学",北京大学博士论文,2012年。

亚里士多德:"尼各马可伦理学",廖申白译注,商务印书馆,2003年。

杨保民:"拉汉植物学术语类汇",湖南省林业厅。

宇田川榕庵:《植学啓原》,風雲堂藏,青藜閣,1835年。

张岱年:《中国古典哲学概念范畴要论》,中国社会科学出版社,1989年。

张轩辞:《灵魂与身体——盖伦的医学与哲学》,同济大学出版社,2016年。

后记

Przepraszam wielkie pytania za małe odpowiedzi.
Wisława Szymborska, "Pod jedną gwiazdką"

我为渺小的回答向庞大的问题致歉。
——维·辛波斯卡:《在一颗小星星下》

这部书稿修改自我在北京大学哲学系的博士论文（2017）。这篇博士论文在当年被评为北京大学优秀博士论文，但我深知其中还有一些错误和不足。修改过程中，我得以订正了一些错误，并补写了一部分内容。但诚实地讲，我自己并不感到兴奋，反倒有些羞赧，因为它和我理想中的样子还颇有差距，一些问题没有得到充分的阐述，但已写就的部分毕竟也提出了一些问题，可以交付学界讨论，这是我有勇气把它拿出来的原因。

本书及先前的博士论文是在吴国盛教授的悉心指导下完稿的，他为我创造了一个开明、自由的学术氛围。2012年起，他宽容地接纳我为他的直博生，指导我接受科学史的学术训练，并从为人到做学问的各个方面给予了我不可估量的影响。他的意见总是富有见地，帮我明确了很多观点和思路。也由此，才有了我的这篇博士论文。

特别要感谢的还有北京大学哲学系刘华杰、孙永平、苏贤贵三位老师，我的研究范围和他们的研究、教学领域较为接近，获得了他们的很多指导。此外，北大科学史与科学哲学研究中心、北大医学人文研究院、清华大学科学史系的许多老师在各自的领域给了我很多指导和启发，他们对研究方法和相关研究领域的熟稔，令我深感敬佩。吴彤、冀建中、刘晓力、刘孝廷、杨海燕等老师在博士论文的预答辩和答辩时提出了很多富有洞见的问题，但由于精力、学养所限及问题本身的复杂性，在这部书稿中我还未能把这些问题完全澄清，这是一个遗憾。

在2014年至2015年，受斯坦福大学历史系的葆拉·芬德伦（Paula Findlen）教授邀请，我到斯坦福大学做了约一年的访问学生研究员（Visiting Student Researcher），得以利用那里良好的研究条件，对此我要深深表示感谢。

张卜天教授是引我进入科学史殿堂的人，他敏锐而和善，亦师亦友，给了我很大的影响，他的督促和鼓励是我一直铭记的。张东林、刘胜利、胡翌霖、井琪、吴宁宁、晋世翔、王哲然、王筱娜、高洋、刘铮、刘平、刘任翔、吕天择、和涛、程志翔、依丽娜、焦崇伟、李丹等学友令我收获很多。徐保军、熊姣、郑笑冉、朱昱海、汪亮、邢鑫、李猛、姜虹、杨莎、刘星、王钊、杨舒娅等师友也让我感受到博物学研究的活跃和魅力，我很荣幸能和他们耕耘于同一片领域。此外，感谢杜若、管浩然、兰琳宗、潘思、潘龙飞、宋飞、孙才真、余梦婷、朱瑞旻、董铭、邹和的友情和帮助。

商务印书馆各位编辑老师耐心、专业地编辑了这部书稿，我要向他们表示诚挚的感谢。

最后要感谢的是我的父母和亲人，他们宽容地看待我从事科学史这门小学科的学习和研究，为我创造了宽松的环境。我的妻子赵振宇也一直和我相伴，给予了我很多关心。他们虽然并未介入我的具体研究，但我深知，正是他们为我预备了让我的研究工作得以可能的种种环境和条件。为此，我愿致以先验的感谢。

蒋澈

2018 年 12 月